제조 경쟁력
노하우

내일을여는지식 과학기술7

제조 경쟁력
노하우

김달원 지음

KSi 한국학술정보㈜

노자의 도덕경에 나오는 "上善若水"를
관리자의 시각에서 보면 훌륭한 관리자는
물과 같이 유연하고, 물처럼 꼭 필요한 사람이
되는 것이다 라고 생각합니다.

지은이　　　金達源

제조기업에 있어서 생산을 잘한다는 의미는 생산한 제품을 고객이 원하는 품질로 제품을 적기에 최소한의 비용으로 고객에게 공급함으로써 고객만족을 통한 기업의 이윤 극대화에 있다.

이런 이야기는 교육과 매스컴을 통해서 수없이 반복해서 듣고 머리로는 익히 알고 있지만, 현장에서 이를 실천하는 회사는 드물다고 볼 수 있다. 특히 한국 중소기업에서는 더욱 그러하다.

제조기업이 추구하는 Output을 최대화하기 위해서 많은 생산 혁신활동을 해 오고 있으며 그 결과 큰 성과를 내고 있는 제조기업들도 많이 있는데, 대부분 대기업 위주로 편중되어 활동해 오고 있으며, 중소제조기업의 경우 혁신활동을 활발히 추진하여 성과를 내는 경우가 많지 않았다. 따라서 중소제조기업의 경쟁력 향상을 위해 혁신활동에 관한 제반 문제점과 대안을 제시하기 위하여 학계의 많은 논문과 책자가 있고, 우수한 선진회사를 배우고, 벤치마킹을 위한 많은 책들이 서점에 넘치고 있지만 정작 필요한 제조기업에게는 남의 이야기처럼 여겨지는 경우가 많은 것이 현실이다.

저자는 대기업에서 오랫동안 제조현장에서 일했으며, 중소기업의 공장장으로서 현업에서 일하면서 겪은 문화적인 충격을 잊을 수가 없다. 중소기업의 경영상, 생산의 애로점은 무엇이고, 이를 어떻게 해결해야 하는지 많은 고민을 했으며, 현재는 제조기업의 생산System 구축과 제조효율 향상, 품질향상, 경영 컨설턴트로서 어떻게 하면 한국 중소기업의 제조 경쟁력을 높일 것인가? 무엇이 문제의 핵심인가? 문제를 어떤 방법으로 개선하는 것이 가장 효율적인가에 대해서 나름대로 느끼고 경험했던 사례를 중심으로 이야기를 하나하나 풀어 보고자 한다.

이러한 내용을 '제조 경쟁력 노하우'라는 제목으로 정한 이유는 기법에 관한 책과 교재는 인터넷으로 검색하면 필요한 자료를 바로 확인할 수 있지만, 현업에서 그리고 컨설턴트로서 제조현장에서 느낀 문제점과 해결을 위한 경험과 노하우는 찾아보기 힘들기 때문에 '제조 경쟁력 노하우'로 정하고, 제조업의 문제점과 사례를 바탕으로 책을 만들기로 했다.

이 책으로부터 제조업에 근무하고 있는 많은 관리자들이 자사의 제조 경쟁력을 올리는 데 조그만 도움이 될 수 있다면 큰 보람을 느낄 것 같고, 이것이 이 책 출간의 목적이 아닌가 생각한다.

2009년 12월 14일
여의도 사무실에서
김달원

Part 1
제조 경쟁력 현황

01. 한국 노동 생산성 현황

국제노동기구(ILO)가 07년 9월 3일 배포한 '노동시장 핵심 지표' 보고서에 따르면 한국, 방글라데시, 스리랑카, 홍콩, 말레이시아, 태국 등 6개 국가의 근로자 1인당 연간 근로시간이 2,300시간을 상회한 가운데 한국의 근로시간이 가장 긴 것으로 나타났다.

그리고 선진국 중에는 미국 근로자가 1인당 연간 63,885$ 소득과 시간당 생산성은 35.6$이고 연간 총 근로시간이 1,804시간으로 조사되었다.

정리하면, 한국 근로자는 세계에서 가장 오랜 시간을 근무한 반면 근로자 1인당 생산성은 미국의 68%라는 이야기가 된다.

도표 1-1-1 한국과 미국의 인당 생산성 지표

구 분	미 국	한 국	차 이
1인당 연간수입	63,885 $	53,000 $	-10,885 $
년 근로시간	1,804 시간	2,200 시간	+396 시간[50일]
시간당 생산성	35.6 $	24.1 $	-11.5 $

상기 도표를 보고 절대비교는 곤란하겠지만, 근로시간이 많은 것에 비해 연간 수입이 낮다는 사실은 오랜 시간 근무한 것에 비해서 받은 수입이 적다는 것이다. 즉 생산성이란 인풋(Input) 대비 아웃풋(Output)의 비율로 표현하는데, 인풋에 비해서 아웃풋이 적다는 의미인데 이래서 한국의 생산성이 미국에 비해 68%밖에 안 된다는 것을 나타낸다.

한국의 근로자의 인당 생산성이 미국 근로자에 비해서 낮은 원인을 정리해 보면

도표 1-1-2 한국과 미국의 생산성 차이원인

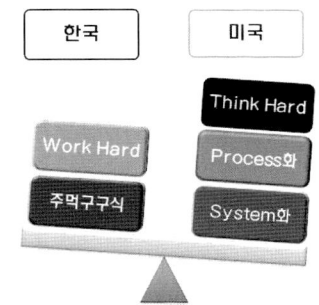

한국의 제조기업은 70년대~80년대 정부의 무역장벽의 보호하에 급속도로 발전해 오면서 생산하는 방식, 일하는 방법을 고민하기보다는 만들면 팔린다는 사고방식으로 몸으로 때우기식 제조업의 경영을 해 왔다고 해도 과언이 아니다.

그런 오래된 관행이 익숙해졌고, 업무 방식을 Process화하고 생산방식을 System화해야 한다는 필요성을 인식하기 시작한 것이 불과 2000년도 전후였고, 약 10년이 지난 지금은 한국의 대기업이 나름대로의 System을 구축하고 제조활동을 하고 있다. 그 외의 중견기업과 중소기업은 아직도 Process의 개념과 중요성에 대해 인식하지 못하고 주먹구구식으로 경영을 하고 생산을 하고 있는 실정이다. 이런 방식의 차이가 발생하게 된 원인은 한국 제조기업을 경영하고 있는 경영자의 마인드도 크게 한몫을 하고 있는 것이 사

실이다. 과거 한국의 기업 경영자들은 관리자: 작업자들이 오랫동안 회사에 남아 일하는 것을 좋아한다(그들이 어떤 일을 하고 있느냐가 아니라 회사에 늦게까지 남아 있다는 사실에). 이러한 경영 관행이 한국 근로자들로 하여금 머리를 쓰고 생각하는 근로보다 오랫동안 회사에 남아 있는 몸으로 때우는 'Work Hard'를 조성한 것이 아닌지 생각해 봐야 한다. 특히 조직력으로 기업 경쟁력을 강화하려는 대기업보다는 1인 오너 체제인 중소기업에서 이러한 문제는 더욱 심하게 나타나고 있다.

02. 제조 경쟁력의 개념

○ 경쟁력 Paradigm 변화

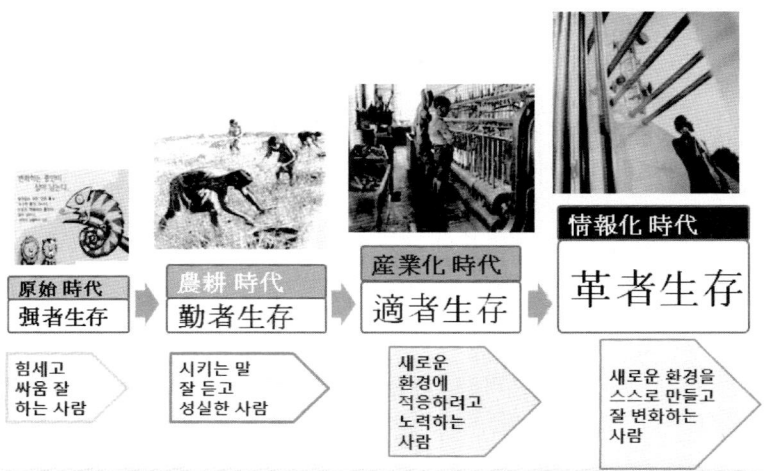

원시시대 인간의 최대관건은 죽지 않고, 배고픔을 최소화하면서 살아남느냐가 일생의 과제였던 시기이다. 이 시기에는 머리 좋은 사람보다 힘이 세고, 싸움을 잘하는 사람이 필요한 시대였고 이런 사람이 그 부족의 왕(족장)이 되는 시대였다. 즉 원시시대에는 싸움 잘하는 사람이 최대의 경쟁력이었다. 그래서 원시시대의 경쟁력은 强者生存이었다.

세월이 지나면서 인간이 불을 발견하고, 거주지 주변에서 먹을 것을 경작하는 방법을 알면서부터 한곳에 정착하게 되고 농경시대가 시작되었는데 농경시대의 경쟁력은 일찍 일어나 논밭에 나가 하루 종일 일하는 근면한 사람이 최대의 경쟁력이었다. 그래서 농경시대의 경쟁력은 勤者生存이었고, 다시 몇 세기가 지나면서 집에서 가내 수공업으로 생산활동을 해 오던 수단이 한곳(공장)에 모여 집약 생산을 하게 되면서 수작업을 기계작업화하는 산업화 시대가 되고, 출퇴근의 개념이 도입되고, 사람의 생활 방식에도 큰 변혁이 찾아왔다. 이때의 경쟁력은 기계를 잘 다루는 사람, 즉 새로운 환경에 잘 적응하는 사람이 경쟁력이 있었고, 이러한 변화의 물결을 이용해서 성공한 기업가들이 신흥 세력을 이루는 시대가 되었다. 그래서 산업화 시대의 경쟁력은 適者生存이었다. 역사공부를 하다 보면 그 당시의 시대흐름을 잘 읽고 변화의 물결을 잘 타야만 성공할 수 있다는 교훈을 얻는다.

그리고 21세기인 지금은 시시각각 매우 빠른 변화를 하고, 변화를 요구당하고 있는 상황이다. 과거의 경험과 기술만을 고집하는 사람에게는 밝은 미래를 보장할 수 없는 정보화 시대에 살고 있다. 결코 힘센 사람도, 근면한 사람도, 잘 적응하는 사람도 생존하기 벅찬 환경에 살고 있다. 21세기에 유일하게 생존하고 발전할 수 있는 사람은 끊임없는 변화를 추구하고 스스로 새로운 환경을 만들고 극복해 나가는 革者生存의 시대이다.

한비야처럼 스스로의 삶을 개척하고, 다시 다른 분야에 끊임없이 도전하는 모습이 21세기를 살아가는 우리들의 진정한 모델이라고 생각한다. 비단 한비야뿐만이 아닌 생산현장에서도 마찬가지다. 한 공정의 반장이 해당 공정의 전문가가 되기 위해 밤과 낮을 가리지 않고 노력하고, 그 공정이 마스터되면 스스로 타 공정으로 이동해서 새로운 도전을 하고 이렇게 몇 년의 시간이 지나면 그는 그 회사의 다공정, 다기능 전문가가 되어 회사에 꼭 필요한 인재로 성장하는 것이다. 이러한 인재들이 많은 회사가 곧 제조 경쟁력이 강한 회사로 만들어지는 것이라고 생각한다.

○ 제조 경쟁력의 의미

앞에서 시대변천에 따른 경쟁력의 변화에 대해서 음미해 보았는데, 범위를 좁혀서 21세기에 살고 있는 우리에게 제조 경쟁력이 가지고 있는 의미는 무엇이고 누가 이러한 경쟁력을 요구하는지 생각해 보고자 한다.

오늘날의 제조기업은 어떻게 하면 돈을 더 벌 수 있을까가 아니라 어떻게 하면 살아남을 수 있는가가 더 큰 과제로서 제조업을 경영하고 있는 많은 사장들을 만나면 실감할 수 있다. 이것이 한국 제조업의 현실임을 인정할 수밖에 없는데, 참으로 안타까운 심정이다.

중국기업이 여전히 싼 인건비와 재료비로 무장하고 더 나아가 혁신활동을 무섭게 추진하면서 한국기업을 위협하고 있고, 일본기업은 지난 10년 동안의 침체기를 반성하면서 좀 더 강한 시스템과 프로세스로 무장하여 빠른 속도로 발전하고 있는데, 한국기업은 무엇을 노력하고 있는지 참 답답한 마음이다.

　제조 경쟁력이란 까다롭게 요구하고, 민감하게 변화하는 고객을 만족시키는 힘이라고 정의를 내리고 싶다.

　제조 기업이 경쟁력이 없다는 의미는 고객이 어떤 이유든 제품 구입을 꺼린다는 의미이다. 그렇다면 고객만족을 위하고, 더불어 기업이 생존하고 발전하기 위해서 제조기업이 해야 하는 역할은 무엇인가? 모두 다 익히 알고 있겠지만 좋은 제품을 싸게 제때 공급하는 것이다. 이것을 고객만족을 위한 3대 요소이자, 제조 경쟁력의 3가지 항목이라고 생각한다.

○ 21세기 제조업의 특성

구분	항목	모 사 환 경	협 력 사
과거 20C 이前 제조업	C	▪ 정부 보호(무역장벽)하에 만들면 팔리는 시대 ▪ 제조원가를 비싸게 만들어 지면 판매가격을 올려서 이익을 내 수 있는 기업환경	협력회사의 필요성이 전혀 없는 상황
	Q	▪ 까다롭지 않은 고객, 경쟁 없는 시장 환경 (고객이 품질이 무엇인지 모르는 시대)	
	D	▪ 따라서 협력 사가 필요 없고, 자급자족으로 원자재 생산~ 고객운송까지 Turn Key Base 생산체제 가능 (중소기업 → 대기업 변화 容易)	
21C 제조업	C	▪ 제조원가 감소를 위한 국경 없는 Outsourcing ▪ 모사 생존차원의 최대한의 분업화 필요성 대두 (필요한 것 빼고 모두 다 외주처리 관리 추구)	▪ 모사입장에서 협력사 존재의 이유
	Q	▪ 공급과잉으로 Global한 무한 경쟁의 Point ▪ 모사 품질 산포의 주원인이 협력 사의 수준 으로 모사 품질에 결정적인 영향 요인으로 발생	▪ 영세하고, 관리System이 없어 품질관리에 隘路 ▪ 교육 및 환경변화 둔감
	D	▪ 많은 협력 사에 의한 부품생산 ~ 입고 관리의 애로 ▪ 생산관리System, 제조물류System 정착 필수 ▪ 협력 사 납기관리, 품질 관리에 많은 관리력 투입	▪ 모사에서 철저한 관리 및 협력 해 주지 않으면 Global환경 에서 생존의 위협

21세기 제조 경쟁력은 원가 경쟁력, 품질 경쟁력, 납기 경쟁력이라고 이야기하고 있고 이것이 결국 고객만족의 3대 요인이라고 정리할 수 있다. 오늘날 제조업을 운영하는 경영자를 보면 국가에서 포상을 해야 한다고 자주 말씀하셨던 교수님이 기억이 난다. 그만큼 제조기업 경영이 어렵고 힘들다는 의미이지간, 제조기업을 컨설턴트로서 지도하면서 느끼는 문제점은 이보다 더욱 심각하다. 마치 논밭에서 밭을 갈다 머리 위로 비행기 지나가는 소리를 듣고 고개 들어 뭐가 지나가는 거야라고 생각하는 농부의 모습이라고 표현하면 적절한 걸까?

(비행기가 뭐하는 물건인지 모르는 농부 – 유일한 이동 수단이 걷는 것이라고 알고 있는)

한국에서 제조업을 운영하고 있는 경우에 고인건비를 최소화하기 위해 외주화를 추진할 수밖에 없는데 제조원가를 최소화하기 위해서 외주처리를 한 후에 문제는 협력사에서 품질과 납기를 맞추지 못해서 모사의 발목을 잡는 경우가 너무 많다. 협력사 문제뿐만 아니다.

인건비 및 재료비 절감을 위해서 동남아 지역에 해외법인을 설립해 놓고 해외법인에서 생산한 제품의 품질 문제로 인해서 모사가 위협받고 있는 국내 중소, 중견제조회사들이 허다하다. 이런 문제점이 발생한 원인은 찾아보면 금방 알 수 있다. 마치 준비 안 된, 능력 없는 부모가 성급하게 아이들만 줄줄이 낳은 것처럼 좀처럼 관리가 되지 않기 때문이다.

모사 또는 본사가 생산에 관한 기준(표준)을 만들고, Rule을 정립해서 지키게 하고, 관리 감독 기능이 있어야 본래의 취지에 맞게 역할을 발휘할 수 있는데, 본사 스스로도 못 하는 품질관리, 원가관리, 납기관리를 협력사 또는 해외법인에서 못 하는 것은 당연한 논리인데도 불구하고 용감하게 외주 처리하고, 해외법인을 설립하고 있다. 개인적으로 이런 용감한 행동을 선뜻 이해하기 어렵다.

한국의 제조업을 경영하는 경영자가 해외법인을 만들기 전에 제조 경쟁력의 3대 요인인 품질 경쟁력, 원가 경쟁력, 납기 경쟁력이 구비되어 있는지, 3가지 요인 중에 한 가지라도 부족하면 해외 진출하면 안 된다고 이야기하고 싶다. 우선 본사의 경쟁력을 구축하고 난 후에 늦게 시작해도 그것이 더 빨리 가는 지름길이라고 이야기해 주고 싶다.

○ 고객가치의 이해

21세기 고객은 까다롭게 변화하고 있고, 기업이 기업하기 어려운 요구를 해 오고 있는데 제조를 하는 입장이 아닌 제품을 구입하는 고객의 입장에 서서 우리의 제품을 바라보면 고객의 마음을 조금 이해할 수 있지 않을까 생각해 본다.

이를 품질 공학에서는 고객이 느끼는 가치(Customer Value)라고 한다.

$$V = \frac{F, Q}{C}$$

즉 고객이 느끼는 가치는 위의 공식처럼 가격이 비슷하다면 품질이 좋거나 기능이 좋은 제품을 선택하고, 기능과 품질이 비슷하다면 가격이 싼 제품을 선택한다는 것이다.

이는 우리가 대형 마트에 가서 물건을 고를 때와 동일한 상황이다.

이런 논리로 우리가 만든 제품을 고객에게 판매할 때 역지사지의 마음으로 고객의 입장에서 보면 고객의 마음을 이해할 수 있으리라 생각한다.

다시 생산자의 입장에서 보면 제조기업의 경쟁력 향상의 목표는 어떻게 하면 싸게, 좋게, 빨리 만드는 것인가? 이것이 문제인 것이다.

03. 제조기업의 주요 문제원인 분석

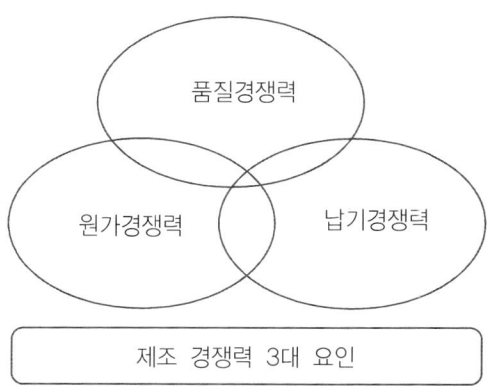

앞에서 언급을 했지만, 기업이 제조 경쟁력을 갖추기 위해서는 3가지 요인을 고루 구비해야만 가능한데, 대부분의 한국 제조기업이 3가지 경쟁력을 구루 구비하기까지는 험난한 과정과 많은 노력이 필요하다. 현재 많은 제조기업이 상기의 3가지 요인을 구비하지 못한 상태에서 고객만족을 위해 대응하는 과정에 발생되는 문제점을 살펴보면, 다음과 같은 현상을 발견할 수 있다.

품질에 자신이 없고, 빠른 납기에 대응하기 위해서 과잉재고를 보유하고 있다.

과잉재고가 언젠가는 판매가 되어 주면 그래도 다행인데 문제는 빠르게 변하는 제품 사양문제로 과잉재고가 악성재고로 변하고 결국 폐기하게 되는 악순환이 계속되고 이러한 문제로 인해서 제조원가는 높아지게 되면서 원가, 납기경쟁력을 상실하고 적자에 연연하다 문 닫는 사례를 주변에서 많이 보고 있다. 참으로 가슴 아픈 한국 제조업의 현실이다.

자수성가해서 성공한 기업은 반드시 성공의 원인이 있게 마련인데, 특히 재고를 많이 보유하고 있는 회사가 배울 만한 사례 하나를 소개하고자 한다. 이유는 이 회사 CEO의 경영철학이 재고와 관련이 있기 때문이다.

한국 어느 지역에서나 볼 수 있는 '알파 문고'의 이동재 회장의 문구점 운영 원칙이 인상적이다. 문구는 생선과 같다. 질 좋고 깨끗해야 한다는 것이다. 이동재 회장의 말씀인, "문구도 신선도가 중요합니다. 먼지 쌓인 볼펜과 문구, 어두운 매장에서 어떤 고객이 감동하겠습니까?"

악성재고를 수십억씩 보유하고 있으면서 그래도 재고는 필요하다고 생각하고 있는 제조기업의 관리자, 경영자들이 이 회장의 경영철학을 깊이 생각해 주었으면 한다.

일반 필기류 문구의 개당 가격은 약 천 원 정도 하는 데도 재고로 인한 신선도가 떨어짐을 염려하는데, 개당 가격이 몇만 원, 몇백만 원 하는 재고가 어두운 창고에 먼지 가득 쌓여 있어도 죄책감이 없는걸 보면 사람의 생각 차이가 얼마나 무서운 결과를 내는지, 思考의 힘을 새삼 느낄 수 있다

출처 : 2009년 10월5일자 조선일보 경제 B2면

○ 한국 제조기업의 경쟁력 저하원인 분석

도표 1-3-1 제조기업 경쟁력 저하원인 Matrix분석_조립산업

구 분	품질관리 (Q)	원가관리 (D)
납기관리(D)	모사+협력 사 모두 품질Claim 재발방지 無 관리 과거의 수준에 만족, 개선 노력 미흡 모사에서 협력사의 품질/ 납기 문제 해결을 위한 체계적인 관리 활동 全無 모사의 협력 사 품질향상을 위한 관리인력 미 양성 협력 사 품질 납기에 관한 평가System 부재	수주접수~ 출하까지의 Lead Time 미 관리 (납기에 대한 기준 없는 수주) 비계획적 임기응변 대응으로 인한 빈번한 납기 미 준수 또는 출하 취소로 악성재고 납기 준수를 위한 변질된 최악의 고객대응 을 위한 과잉 재고/ 재공품으로 인한 원가상승
생산관리 (P)	영업 수주량+ 생산capa 분석에 의한 생산계획 수립 능력 미흡 재공품은 현금 이라는 인식 부족으로 협력 사 내에 과잉 재공품 보유 및 이로 인한 품질문제 발생 가능성 우려 정확한 생산계획 운영을 위한 영업/생산/품질 /협력사간 생.판 회의 미 운영	대LOT batch 식 생산방식으로 재공품 수량 이 많을 수 밖에 없음 원자재 비용 최소화를 위한 정기적이고 체계적인 자재불량 감소활동 미흡 원자재 및 부품 협력 사와 모사의 Win-Win 을 위한 모사의 협력사 Audit 관리활동 부재

경쟁력 없는 제조기업의 공통적인 현상

1) 재고가 창고에 쌓여 있고, 창고에 보관 중인 재고 수량 파악
   도 잘 안 되고 있다.

2) 생산계획 수립이 주먹구구식으로 정확한 수량관리가 불가하다.

3) 생산현장에 생산 중인 재공품이 많아서, 재공품의 선입선출 관
   리가 안 되어 종종 Lot 혼입에 의한 고객 Claim이 발생한다.

4) 생산과 영업부서 그리고 품질부서의 사이가 나빠서 원활한
   업무 협조를 기대하기 어렵다.

5) 새로운 개선을 위한 일 또는 교육받는 것을 어떤 이유를 대
   서라도 최대한 피하고 본다.

도표 1-3-2 장치산업 경쟁력 저하원인 Matrix분석_장치산업

구 분	설비관리	인력관리
고유기술	설비관리에 대한 고유기술의 노하우가 전수되지 못하고 경험자에 의존	장치산업은 대부분 장기 근속의 숙련 작업자로서 새로운 변화를 체질적으로 싫어함
	설비고장 분석기법 등 관리기술이 적용되기 어려움	고유기술만 잘 알고 있으면, 반영구적인 근무가 가능하다고 오해 하고 있음
	장치산업은 TPM 설비관리 활동이 핵심인데 TPM 관리기법이 고유기술에 의해 死藏됨	장치산업의 장기 근속한 관리자, 작업자는 퇴사 후 갈만한 곳이 없음(경험 활용도 미흡)
품질관리	품질은 설비에서 발생하고, 품질관리 수준이 곧 설비관리 수준으로 직결	장기 근속년수가 높은 생산인력 일수록 품질은 품질부서에서 생산은 생산만이라는 19C 사고방식을 소유하고 있음
	설비관리는 고장감소만을 위한 것이라고 오해, 설비관리의 진정한 목적은 품질 예방관리 임	품질Claim 별생시 발생원인 분석 및 대책 수립시 품질과 생산이 공동을 재발방지를 목적으로 철저한 분석이 잘 안됨
	장치산업은 수주생산이 아닌 예측 연속생산이므로 생산과정 중에 품질예방관리를 하지 못하면 대형 사고성 품질문제 발생	품질관리, 생산성 관리, 설비관리 IE 등 관리기술 습득을 위한 노력이 미흡 (편한 직장, 가족적인 분위기)

한국을 대표하는 성공하고 있는 대기업은 이러한 문제점을 극복하고 또는 극복 중에 있겠지만, 아직도 대부분의 제조기업은 이런 문제점을 인식조차 못 하거나, 해결책을 찾지 못하고 어려워하고 있다.

특히 제조 경쟁력에 관해 준비된 대기업이 큰 투자비가 필요한 장치산업에 투자하면 대부분 성공을 하지만, 중견기업이 장치산업에 투자해서 안정된 수익을 창출하는 경우는 매우 드물다. 왜냐하면 그들은 제조 경쟁력에 대한 기본이 없기 때문에 생산성의 문제, 품질문제 등으로 고전을 하다가, 대부분 대기업에 M&A되는 경우를 우리 주변에서 많이 볼 수 있다.

하선정 김치 등 식품업계에 이름난 요리사의 이름으로 기업을 시작하다 C그룹에 흡수되었고 많은 식품업계 중소기업 역시 C그룹에 흡수되었는데 그 원인은 결국 제조 경쟁력 부족으로 설명할 수 있을 것 같다.

04. 한국 대기업과 중소기업의 제조 경쟁력 차이

　중소기업청 자료에 보면 대기업과 중소기업 간의 노동 생산성을 비교했는데 대기업을 100으로 기준했을 때 1990년 기준 49.3%, 2004년 기준 33.5%, 2005년 기준 37.7%로 조사됐다. 90년대 대기업에 비해 약 50% 수준에서 2005년에 약 38%로 대기업에 비해 노동 생산성이 더 떨어진 원인은 대기업이 제조 경쟁력 강화를 위해 더욱 노력했다는 의미이고, 상대적으로 중소기업의 발전 속도가 느렸다는 의미라고 해석된다. 물론 중소기업의 입장에서 보면 할 말이 많이 있다. 인재 확보의 어려움, 자금의 한계에 따른 투자의 어려움 등등 많은 이유가 있겠지만, 생존차원에서 이런 문제를 재해석해 보면 생각의 차이, 관리능력의 차이라고 생각한다.

○ LG 디스플레이 경쟁력 사례

출처 : 2009년 6월29일자 조선일보 경제 B4면

이 사례는 2009년 6월 조선일보에 실린 자료인데, LG 파주공장에 디스플레이 생산라인을 납기보다 빨리, 최소의 투자로 성공적인 가동을 한 사례이다. 이 신문기사 내용을 요약하면 이 회사는 삼위일체의 조화가 일궈낸 성공이라고 할 수 있다.

① Marketing 예측, 분석 능력

투자 당시 불투명한 디스플레이 업계의 경영 환경하에 정확한 예측능력

② CEO의 Timely한 의사결정

Marketing 분석 Data를 신뢰하고, 상황을 판단한 의사결정 능력

③ 제조기술력의 Back Up

생산라인의 조기 안정화 실현(8개월→3개월로 단축)

설비의 국산화 50% 실현(투자비 최소화를 위해 Risk Taking)을 통해 2조 원의 원가 절감 실현

이 신문기사를 읽으면서 동시에 이런 생각을 했었는데, 만약 어떤 중견, 중소기업이 이런 상황에 처했을 때 LG처럼 해낼 수 있을까? 안 되면 무엇 때문에 안 되는 것일까? 한국의 중견, 중소기업도 이런 유사한 상황이 오면 LG처럼 해내야만 한국의 제조 경쟁력이 강해질 텐데…… 하는 아쉬움이 있었다.

○ 삼성 애니콜의 경쟁력 사례

출처 : 2009년 5월11일자 조선일보 경제 굿모닝 CEO면

09년 5월 신문기사에 삼성전자 신종균 부사장의 인터뷰가 실렸

다. 세계 휴대폰 시장 규모가 작년에 비해 13% 줄었지만 삼성전자의 판매량은 1% 감소로 막았다. 영업 이익률은 세계 휴대폰 업계들 가운데 유일하게 두 자릿수(11%)를 냈다.

더욱 중요한 사실은 신문제목에서 볼 수 있듯이 '휴대폰 주문 1주일 내 세계 어디든 공급'하고 겨우 몇백 대 단위의 주문도 소화할 수 있다고 한다.

이 신문기사를 보면 지금까지 언급한 제조 경쟁력의 품질, 원가, 납기경쟁력 3개 요인 모두를 완벽하게 이루어낸 좋은 사례라고 생각한다. 이 내용을 보고 어떤 회사는 이런 생각을 할지도 모른다. 저렇게 빨리 전 세계에 납품이 가능하려면 많은 재고를 가지고 있겠지……미안하지만 재고는 거의 없다. 기본적으로 무재고 원칙으로 생산한다.

왜 다른 제조기업에서는 이런 성공사례를 찾기 힘든 것일까? 삼성전자에는 어떤 힘이 있기에 가능했던 것일까 궁금해졌다. 그래서 삼성전자와 중소기업의 차이점을 비교 분석해 보고 삼성전자의 제조 경쟁력을 분석해 보고자 한다.

○ 삼성전자와 중소기업의 차이(결과분석)

구 분	삼성 전자	중소기업의 현실
Out put [결 과]	좋은 Quality	품질 산포가 커서 항상 불안
	빠르고 정확한 제조 Lead Time [무재고 원칙]	제조 L/T관리가 안되거나 L/T산포가 커서 서로 불신
	낮은 제조원가로 영업 이익율 최고달성	제조원가가 높아서 이익을 기대 곤란 제조원가 감소 노력, 방법 부재
	전세계 공장 동일품질 생산 가능	공장별 품질산포가 크며, 해외 공장에서 생산된 제품 특히 문제

이 표는 고객이 느끼는 품질 차이 그리고 자체 제조 경쟁력 차이를 몇 가지 Key Word로 비교분석을 한 결과이다.

○ 삼성전자와 중소기업의 차이(원인분석)

구 분	삼성 Any call	중소기업의 현실
In put [원 인]	목표 선정 → 끊임없는 개선, 노력 습관	목표가 없거나, 목표관리 방법의 부재
	효율적인 생산을 위한 관리기술 정착, 발전 [업무역할 확립]	관리기술의 필요성 무인식, 임기응변 대응
	표준관리 ,Audit System 운영	표준은 형식적이라는 표준에 대한 중요성 인식 불감
	교육훈련, 평가System	교육의 필요성 무인식 왜! 나만 더해야 하는지 [피해의식]
	경영진과 관리자들의 역량	역량보다 관계를 중요시 여김

삼성전자, 정확히 표현하면 삼성전자 무선 사업부의 애니콜 신화는 한국 제조기업에게 많은 신호를 보내고 있다. 한국의 제조기업이 세계를 무대로 한 제품을 가지고 성공할 수 있다는 자신감의 신호이다. 우리 입장에서 보면 이제부터 대기업인 삼성뿐만 아니라 한국의 중견기업, 중소기업도 세계를 무대로 얼마든지 1등을 할 수도 있다는 신호라고 생각한다.

그렇다면, 한국의 수많은 제조기업이 삼성전자를 벤치마킹하고, 배워야만 좀 더 빨리 일류 제품을 생산할 수 있다고 생각하는데, 아쉽게도 기술유출이라는 문제로 인해서 외부에서 삼성을 배울 수 있는 기회는 거의 없다.

○ 삼성전자의 제조 경쟁력 분석 결과

이 내용으로 삼성전자의 제조 경쟁력의 원인을 모두 표현할 수는 없지만, 경쟁력의 주요 키워드는 거의 표현할 수 있다고 생각한다.

삼성전자는 십수 년 검증된 전문 경영인을 대표이사로 해서 Top의 경영전략을 Back Up해 주는 관리자의 Followship을 바탕으로 발전을 하고 있는데 제조 경쟁력 측면에서 4가지 성공요인이 있다고 생각한다.

첫째는 명확한 목표(성과)관리System이 있다. 연간 달성해야 할 목표를 명확히 하고, 목표달성을 하면 확실한 보상을 시행하고, 반대로 목표를 달성하지 못했을 경우엔 그에 따른 불이익을 감수하는 목표관리System이 생활화되어 있다.

둘째는 모든 업무는 Process화되어 있어서 부서장이 바뀌어도 부서 본래의 기본 기능을 유지하면서 변화를 해 나간다. 심지어 Top이 바뀌어도 마찬가지다. 이에 비해 중견, 중소기업은 부서장이 바뀌면 기존의 모든 업무내용, 방식은 모두 무시되고 새로운 부서장의 스타일대로 변하면서 업무효율을 유지하거나 향상을 기대하기 어려운 현실이 대부분이다.

셋째는 제조에 관련된 모든 행위(작업, 업무)는 표준화되어 있어서 해외 어느 사업장에서 생산하든지 동일한 품질을 유지한다. 표준관리System은 많은 사업장 또는 협력사를 가지고 있는 제조기업에게는 심장과 같은 품질관리기술의 핵심이라고 생각한다. 이런 품질관리System이 구축되지 않은 제조기업이 해외법인을 운영할 경우 품질문제로 인한 타격은 실로 심각하다. 회사를 지도하면 이런 사례를 무수히 보고 있다.

넷째는 쉬지 않는 교육훈련System을 들 수 있다. 삼성직원 자체는 물론이고 이제는 협력사 관리자 교육, 해외법인의 현지인 교육까지 체계적으로 실시하면서 세계일류 제품을 출시하면서 히트를 치고 있는 것이다.

○ 삼성전자의 Global 경쟁력의 원천은 어디에서 나오는가

출처 : 2009년 10월13일자 조선일보 경제 B1 면

2009년 10월 12일자 조선일보에 나온 신문기사 내용인데, 우리는 이 기사의 숨은 내용을 음미해 볼 필요가 있다. 첼시에 매년 200억을 후원하면서 글로벌 마케팅을 한다. 전 세계인들이 유럽축구를 보면서 삼성의 마크를 보고 삼성을 기억한다.

한국의 제조기업이 어떻게 매년 200억을 마케팅에 투자하는 것이 가능할까? 돈을 많이 번다는 의미이고, 어떻게 돈을 많이 벌 수 있었을까? 그것은 기술이 바탕이 되었다는 이야기이다. 여기서 의미하는 기술이란 무엇일까? 삼성만이 가지고 있는 요술방망이 같은 기술일까? '기술을 넘어 마케팅'에 숨어 있는 기술이란 무엇인지를 알아내는 것이 우리에게 중요한 의미를 가지고 있다고 생각한다.

고유기술, 경험기술, 개발기술, 디자인기술, 관리기술로 크게 5가

지로 분류할 수 있는데 분명한 것은 5가지 기술 중에서 관리기술이 바탕이 되지 않으면 아마 삼성이 한국에서 한국 기업에 지나지 않았을 것이라고 생각한다. 여기서 관리기술이란 무엇인지 생각해 보기로 하자.

자주 이런 비유를 한다. 한 제조기업이 기업을 하게 된 동기는 회사 특유의 고유기술이 있기 때문에 창업을 하고 기업 활동을 유지하는데, 만약 어느 제조기업이 고유기술만 가지고 21C 글로벌한 시장에서 경쟁을 하려 한다면, 이는 서울역에서 부산을 가는데 가마를 타고 가는 것과 같다. 하지만 고유기술을 바탕으로 관리기술을 접목해서 제조활동을 한다면 서울역에서 부산 가는데 KTX를 타고 가는 것과 같다. 그만큼 경쟁력을 빨리 구축할 수 있다는 의미이다.

많은 분들이 이런 비유에 공감을 하지만, 현재 이 시각 아직도 많은 제조기업의 CEO들은 이런 관리기술의 중요성을 이해하지 못한 채, 불량이 난다고, Claim이 자주 발생한다고 직원만 나무라고, 관리자들에게 대책을 요구하지만 어떻게 대책을 수립해야 하는지 본인도 잘 모르는 경우가 많다.

그러면 관리기술이란 무엇인지 한마디로 정의를 내리기 어렵지만, 산업공학 용어로 IE(Industrial Engineering)으로서 제조활동의 INPUT 4개 요인(4M: Man, Machine Material, Method)을 통합, 조정하여 해당 제조기업의 특성에 맞는 효율적인 생산 활동을 하기 위한 기술로 정의할 수 있다. 예를 들면 품질관리 기술, 생산관리 기술, 공정분석 기술, 원가절감 기술, 설비관리 기술이라고 설명할 수 있고, 좀 더 쉽게 설명하자면, 좋은 품질의 제품을 싸게, 빨리 생산할 수 있도록 하는 일련의 관리적인 활동이라고 설명할 수 있다.

그렇다면 이러한 관리기술을 어떻게 보유할 것인가? 이것이 관건인데 제조기업이 확보해야 할 관리기술을 위해서는 넘어야 할 산들이 많이 있고 따라서 쉽게 얻고자 한다고 해서 얻어지는 것은 결코 아니다. 많은 고통이 따라야 한다. 회사 측면에서의 투자해야 하는 어려움, 개인적인 어려움을 극복해야만 비로소 관리기술들이 필요한 곳곳에서 활용되고 그 결과 기업의 경쟁력, 좀 더 구체적으로 제조 경쟁력을 구축할 수 있는 것이다.

앞서 언급했지만, 기업의 제조 경쟁력이란 품질 경쟁력, 원가 경쟁력, 납기 경쟁력이라는 3가지 요소가 두루 겸비해야 한다고 했는데, 이런 제조 경쟁력을 구비하기 위해서 넘어야 할 산이 4개가 있다. 이 4개의 산을 넘어야 비로소 제조 경쟁력을 구축할 수 있는 기본을 갖추게 되는 셈이고, 이 4개의 산을 넘지 못하면 기업의 제조 경쟁력은 제자리걸음을 하든가 아니면 다시 뒤로 원위치 되고 만다. 이렇게 생각하는 이유는 직접 많은 회사를 지도하면서 너무 많이 보아 왔기 때문이다. 모사에서 강제적인 개선활동 또는 컨설턴트의 지도하에 개선활동을 하는 동안에는 좋아지는 듯하다가, 그 활동이 멈추면 바로 원위치 되는 실패사례가 얼마나 많은가?

한 사람의 체질을 바꾸는 것도 오랜 기간의 고통과 인내가 필요한데 수십 명에서 수백 명에 이르는 한 기업에서의 기업체질이 쉽게 변할 수는 없다. 그래서 더욱 팀워크와 리더십이 요구되는 것이라고 생각한다.

그래서 Part 2에서는 이런 4개의 넘어야 할 과제에 대해서 직접 경험한 사례 위주로 설명하고자 하는데, 4개의 넘어야 할 과제는 많은 제조기업을 지도하면서 느끼고, 체험한 문제 있는 기업의 공통점 4가지를 정리해 봤다.

이 4가지 과제를 해결하지 못한 기업이 성공한 경우는 없었고, 성공한 기업이 효율적으로 제조활동을 하고 있는 경우에 이 4가지 항목을 기준으로 비교해 보면, 기업마다 다소 차이는 있지만, 나름대로 관리를 잘하고 있음을 볼 수 있었다.

그러면 이 4가지의 공통적인 문제점은 무엇이고 어떠한 방법으로 이를 극복해야 하는지 이야기해 보자.

Part 2

제조기업의 공통 문제점과 해결방안

국내 많은 회사를 지도하면서 겪은 제조기업의 문제점들을 4가지로 정리를 했는데, 물론 이 4가지 문제점들 이외에 각 기업의 특성에 따라 또 다른 원인도 있겠지만, 문제 있는 제조기업의 공통적인 문제점을 4가지로 정리를 했다.

첫째, 가장 크게 느끼는 문제점으로는 부서 간에, 상하 간에 Communication 부족으로 발생하는 업무 비효율이 심한 조직

둘째, 목표관리 부재로 인해 열심히 일을 해야 할 이유가 없고, 안 해도 뭐라고 하는 상사가 없고, 의욕을 갖고 열심히 하다 실패하면 문책당하는 조직

셋째, 관리의 기준이 없는 주먹구구식 경영의 문제

넷째, 관리자가 관리에 관한 지식 없이 과거의 경험으로만 공장을 운영하면서 문제가 재발되는 비효율의 낭비가 심한 조직

이 4가지 항목에 대해서 문제의 현상과 발생원인 그리고 대처 방안을 설명하고자 한다.

01. 의사소통의 부재(Miss Communication)

의사소통이 제대로 이루어지지 않는 문제를 해결하는 방법은 어려운 기법을 적용하는 것도 아니고, 특별한 관리기술이 필요한 사항도 아니기 때문에 개선하려고 생각하면 바로 개선할 것 같은데

해결하기 가장 어려운 문제이기도 하다. 왜냐하면 의사소통의 문제는 그 회사의 오랜 문화에서 발생한 악습관이기 때문이다. 분명한 사실은 의사소통의 문제가 해결되지 않는 한 효율적인 관리를 기대하기 어렵다는 것이다.

문제현상

1. 상하, 좌우 간의 원활한 업무 진행을 위한 보고와 협의 Process가 없는 혈액순환 불량인 회사
   - 회사에 반드시 필요한 건의사항 또는 의견은 제시하지 않고, 뒤에서만 불만을 토로하는 직원

2. 의사결정을 위해 필요한 정기 회의체가 없고, 사전 준비 없는 회의로 시간만 낭비해 놓고, 회의는 역시 불필요하다고 생각하는 관리자가 많은 회사

3. 반드시 부서 간 회의를 통해서 결정해야 하는 문제를 회의를 하지 않고, 일방적으로 불합리하게 결정하는 업무 방식
(꼭 필요한 회의를 부서 간에 협조가 안 된다는 이유로 회의를 안 하는 조직문화)

4. 문제 발생 시 문제분석을 위한 관련 부서 간 회의의 Rule이 없어서 주관부서가 어딘지, 담당자는 누구인지 파악이 안 되

고, 문제발생의 책임만 회피하는 조직문화

5. 잘나가는 대기업보다 의사결정 기간이 더 길고, 부적절한
의사결정으로 인해 동일한 문제가 반복적으로 재발생되고 있는
회사

원 인

상기 5가지 항목을 회사 내 의사소통 부재 시 발생되는 공통적
인 현상으로 정리했는데, 이런 현상이 발생되는 원인을 나열하면
다음과 같다.

1. 좋은 의견을 개진해도 경영자와 의견이 다르면 채택이 안
된다는 것을 알고 있기 때문에 직원들이 의견 내놓기를 꺼려 하
고, 지시받고 일하는 방식이 습관화된 피동적인 조직
 - 부하직원이 함부로 이야기하는 것을 체질적으로 싫어하는 상사
 - 경영자 외에 직원이 좋은 의견, Idea를 내면 좋아하지 않는 상사
 - 회사의 모든 일은 나를 통해서 진행해야 한다는 독제주의적 상사

2. 의사결정은 회사의 Key Man이 혼자서 결정하거나, 경영
자가 독단적으로 결정해 버리는 상하 간 소통이 될 수 없는 1
인 독재형 회사구조
 - 경영자의 심복에 의한 과잉충성의 결과로 항상 지시만 받는

One Side한 조직
- 설령 경영자가 알면 좋아할 수 있는 의견도 심복에게 미리 거부 당하는 조직

3. 너무 자율적인 나머지 챙기는 사람이 없고, 의견을 굳이 내 야 할 이유가 없는 종업원 천국의 회사
- 자유방임형 조직으로서 형제자매처럼 효율보다는 우애를 중시하 는 조직으로서 효율적인 생산성을 목적으로 하는 의사소통에는 관심이 없으며, 겉으로는 좋아 보이는 상하관계 같지만 결정적 인 협조가 필요할 때는 뒤로 빠지는 조직문화

4. 부서 간 업무분장이 없거나, 애매하여, 문제 발생 시 모두 내 책임이 아니라고 생각하는 체계 없는 조직
- 부서별, 직급별, 개인별 명확한 업무분장, 규정에 의해 모든 업 무가 조직적으로 운영되어야 하는데 그렇지 못해서 발생하는 엄 청난 비효율을 눈치채지 못하는 조직
- 품질 Claim이 발생하거나, 사내 사고성 문제 발생 시 문제발생 의 근본원인을 찾기보다는 어느 부서에서 누가 이 문제를 해결 해야 하는지조차 불분명해서 지연되거나, 원인불명으로 문제를 덮어 버리는 사례가 빈번한 조직

5. 의사결정을 위한 회의체 운영 Process가 없어서 지시가 없 으면, 각자 바쁘다는 이유로 중요한 의사결정 사항을 남의 일처 럼 그냥 넘어가는 조직

6. 보고의 기준이 없어서 업무적인 의사결정 시간이 길어지고, 문제의 핵심을 벗어나는 보고관리 체제로 인한 관리 Loss가 많은 조직
- 정기적인 회의체를 운영하여, 문제의 핵심을 파악하고 대책을 보고해야 하는데 보고를 해야 하는 사원이나 보고를 받아야 하는 상사 모두 무관심한 조직
- 회의를 해야 하는 분명한 목적은 대부분의 문제는 한 개 부서에서 개인이 해결할 수 없는 문제가 대부분이라 관련 부서가 모여서 원인을 분석하고, 대책을 수립해야 하는 행위는 관리자의 기본 임무라 할 수 있는데, 잘 모이지 않는다는 이유와 대책을 고민하지 않는 관리자들 때문에 회의체 운영과 보고체계의 기준이 없고, 더 큰 문제는 상사가 그 문제를 챙기지 않는 무능력한 조직

해결방안

앞서 언급했듯이 의사소통이 안 되는 원인은 기본적으로 회사 조직의 오랜 관행과 악습관으로 인한 뿌리 깊은 문제로서 쉽게 개선하기 어려운 문제이다. 좀 더 구체적으로 표현하면 대기업의 업무는 System적으로 돌아가기 때문에 경영자의 나쁜 습관으로 인한 영향을 덜 받을 수 있는데, 문제는 중소기업의 자수성가형 경영자에 의한 영향은 절대적이다. 따라서 Communication을 활성화하고자 하는 중소기업은 경영자 스스로 이런 문제를 개선하기 위한 노력이 필요하다. 왜냐하면 제조기업의 효율은 지금 언급한 Communication

활성화 없이 불가능하기 때문이다. 이 책을 보고 있는 중소기업의 경영자는 잠시 책을 덮고, 어려움을 극복해야 하는 우리 회사가 가지고 있는 근본적인 문제가 무엇인지 곰곰이 생각해 보면 바로 부서 간, 개인 간, 관리자 간의 의사소통의 부재로 인한 문제임을 알게 될 것이다.

그렇다면 이 문제를 해결하기 위해서 무엇을 어떻게 해야 하는지 살펴보자.

해결방안 1 : 업무분장 노하우

회사에 조직이 있고, 부서별 관리자와 담당이 있으면 되는 것이지, 또 무슨 업무분장이 필요한 건지 이해가 안 되거나, ISO 인증을 위해 작성했던 업무규정이 있으면 됐지 무슨 업무분장이 필요한 거냐고 질문이 있을 수 있다.

대부분의 제조회사는 ISO를 인증받았고, 인증 당시 업무규정을 제정했다. 하지만 대부분의 중소기업은 ISO 인증 당시 제정했던 업무규정을 중요시하거나, 실제 업무를 할 때 기준으로 삼고 일하는 회사는 거의 찾아볼 수 없다.

반대로 생각을 해보자. 왜 ISO 인증 시 업무규정을 중요시하고 있을까? 그만큼 중요하다는 의미인데 아쉽게도 대부분의 많은 제조기업에서는 ISO인증은 고객을 위한 인증이라고 여기고, 사후 심사 때 형식적으로 대응만 하고 있는 것이 현실이다. ISO는 고객을 위한 것이 아닌 내 회사를 위한 것인데 말이다.

업무분장을 명확히 하고, 회사의 중요 규정으로 관리를 하는 목적은 모르는 길을 찾아 갈 때 필요한 네비게이션과 같은 역할을 한다. 다행이 대낮에 넓은 도시에서 길을 찾아 갈 때는 지나가는 사람에게 묻기도 하지만, 만약 초행의 시골길을 늦은 밤에 찾아 갈 때 네비게이션이 없으면 우리는 한참을 헤매다 길을 찾거나, 못 찾고 돌아올 것이다.

이처럼 명확한 업무분장은 회사에 큰 사고성 문제가 발생했을 때, 매우 중요한 의사결정이 필요할 때 빛을 발하는 매우 중요한 관리의 Key Point이다.

또한 이러한 업무분장의 기준하에 부서별 목표관리가 가능해지고, 업적평가로 연계되어 직원을 평가하여 연봉결정의 기초가 되는 것이다.

대기업에서는 업적평가가 일반화되어 있지만, 대부분의 중소기업은 업적평가가 없고, 따라서 업적이 연봉과 연계가 되지 않아서, 공평한 평가가 되고 있지 않은데, 그 주요원인이 업무분장이 없거나, 있어도 활용을 하지 않거나, 있어도 무시하고, 경영자 임의대로 평가하고 있기 때문이다.

아래의 사례는 업무분장에 관한 사례로서 잘 참고하면 도움이 되리라 생각한다.

○ 부서 업무분장의 사례

LoM	업무분장 규칙	제정일
컨설팅(주)	컨설팅 그룹	

1.Mission

□ 제조혁신 전문분야의 최고 컨설팅 품질 추구
□ 기존고객 **Needs**를 만족시키는 고객가치 극대화
□ 기존고객 유지, 신규고객 확보를 위한 영업과의 **Team Work** 강화
□ LoM 컨설팅 특유의 시너지 효과를 위한 컨설턴트간의 **Communication** 활성화
□ 제조혁신 컨설팅 부분이외의 타 분야 컨설팅 역량 증대를 위한 자기개발

2. Mission별 중점내용

I. 제조혁신 전문분야의 최고 컨설팅 품질추구	1. 3現1改(현장, 현물, 현상, 개선)를 원칙으로 하는 지도방식 추구 2. 제조혁신 분야를 넓게 소화할 수 있는 끊임없는 자기개발 3. 분야별 전문 컨설턴트와의 기술 교류회를 통한 새로운 지식 습득
II. 기존고객 Needs를 만족시키는 고객가치 극대화	1. 고객이 원하는 것(VOC)을 정확히 파악하여 해결책을 제시하는 현장 맞춤형 지도방식 추구 2. 지도前 사전준비를 철저히 하는 업무습관 일상화 3. 월1회 고객사 최고 경영자와의 정기적인 Communication 유도 4. 정기적인 지도평가 Self Monitoring 습관화 5. 회사 Infra를 활용하는 Open Mind적 지혜로운 지도방식 - 전문성이 요구되는 분야의 단기적 타 컨설턴트 지원 등
III. 기존고객 유지, 신규 고객 확보를 위한 영업과의 Team Work 강화	1. 기존 고객과의 신뢰관계 유지를 위한 영업과의 정기적인 정보교류 - 고객 최근 동향, 변화사항, 문제인물, 문제점등 정보파악, 제공 (컨설턴트 →) 영업) 2. 기존고객 문제 감지, 문제발생시 즉시 지원요청 공조체제 형성 3. 진단결과 보고서는 컨설턴트가 완결함을 원칙으로 진행 4. 영업이 지원을 요청할 경우 적극적인 협조를 원칙으로 하는 Mind
IV. LoM 컨설팅 특유의 시너지 효과를 위한 컨설턴트간의 Communication 활성화	1. 각자 자료공유 및 전문분야 공유를 위한 All Open Mind 실천 2. 지원 요청을 자연스럽게, 지원은 겸손하고, 성실하게 실행 3. 월1회 정기적인 기술 교류회 적극 참여, 활성화 유도

이처럼 부서의 업무를 명확히 규정하여, 부서장과 팀원들이 무슨 일을 어떻게 추진해야 할지 명확하게 정립을 하는 것이 필요하다. 이렇게 부서 간의 업무분장 내용을 타 부서와 서로 공유하면서 회사 공통 업무를 협조하고, 협의해 나가면서 문제를 해결해 나가는 것이 중요하다.

많은 회사가 부서별, 관리자별 업무분장은 대부분 되어 있는데, 문제는 이런 업무분장이 형식적이거나, 너무 포괄적이어서 대부분 별로 도움이 안 되는 현실이다.

또한 업무분장의 기준 자체가 애매하여 문제가 발생하여 대책이 필요할 때 또는 중요한 의사결정이 필요할 때 빠르고 정확한 대응이 안 되는 현실이다.

따라서 애매하고, 형식적인 업무분장이 아닌 좀 더 세부적이고 구체적인 업무분장이 중요하다. 부서별, 관리자별 업무분장이 미흡한 회사가 현장의 조·반장 업무분장이 잘되어 있을 리 없는데, 우선 현장관리의 일선 관리자의 업무분장 사례를 살펴보자.

○ 중소기업을 지도하면서 제정한 제조현장의 반, 조장인 현장 관리자의 임무와 역할 규정의 사례

	현장 관리자의 임무와 역할 규정	문서번호	JC-05
		페이지	2/3
		개정번호	0
		개정일자	2009. 07. 21

1. 현장 관리자의 정의

생산라인을 직접 관리하는 교대조를 책임지고 있는 반장 또는 직장 또는 생산라인이 광범위 할 경우 교대조內의 공정별 조장 또는 반장을 현장의 일선 관리자라고 칭함.

1-2) 00(주)의 경우

직장의 역할: Bush와 plate공정을 통합한 전체를 관리하는 현장 관리자로서 타 회사와 비교 시 생산과정의 역할을 수행하는 것으로 정의함.

반장의 역할: Bush와 plate공정으로 구분되어 공정별 반장으로 구성되어 2개 공정의 일선 관리자를 반장으로 정의함.

2. 직장의 역할

1) 생산을 총괄하는 관리자로서 각 공정별 생산 및 품질을 총 책임지고 현장을 관리하는 책임자 역할이다.

2) 공정별 반장에 대한 조정과 지휘 및 통제를 통하여 전체 생산효율을 추구한다.

3) 직장은 교대조의 전체 생산라인에 대한 효율적인 생산활동을 하기 위하여 반장들과 리더십을 가지고 6대 업무를 철저히 수행해야 한다.

4) 일일실적 분석회의 및 주간실적 분석회의의 주관자로서 일일, 주간단위로 목표대비 실적달성여부를 점검하고 향상하기 위한 노력을 해야 한다.

5) 사내 불량 및 품질Claim 발생원인은 생산현장의 작업자에 의해 발생한다는 점을 명심하고 불량감소를 위한 중단 없는 노력을 해야 하는 핵심 관리자임을 명심한다.

3. 반장의 역할

1) 반장은 생산라인 내 해당 공정의 현장관리자로서 근무시간에 발생되는 생산관련 정보수집, 생산과정에 발생되는 문제현상 파악, 분석을 통한 조치 등을 책임지고 있으며 좋은 품질의 제품을 높은 생산성으로 납기 내에 제품을 생산해야 하는 책임이 있다.

2) 생산라인의 상사인 직장에게 생산제반현황 및 문제점을 즉시 보고해야 하며 문제분석 및 조치를 취하기 전에 반드시 직장에게 보고해야 하는 책임이 있음.

3) 공정별 반장은 생산라인의 효율적인 관리를 하기 위해서는 아래와 같은 <현장관리의 6가지 임무>를 해당 공정 내에서 수행한다.

4. 현장관리자의 6대 임무

임 무	주요관리 내역
인원관리	-작업자의 작업 애로사항 개선
	-회사 및 간부회의 주요안건 전달 및 공유
	-문제사원 집중관리를 통한 작업자에 의한 생산/품질Loss 최소화
현장기본관리 (혁신활동)	-현장관리의 기본인 3정5S 활동 추진
	-안전관리 및 환경 관리
목표관리	-정해진 생산/품질 관리지표를 달성하기 위한 문제분석 및 개선활동
	-일일생산실적회의,주간실적분석회의에필요한Data(문제)분석
품질관리	-생산 중인 제품에 대한 자주검사를 통한 대량LOT성 불량 예방관리
	-작업표준의 철저한 관리를 통한 작업자별 작업편차 최소화 관리
	-사내불량, 품질Claim발생시 문제 현상분석의 책임과 대책시행
설비관리	-생산 직접설비의 가동율 향상을 위한 설비고장 분석 및 개선활동
	-운전 중인 설비의 성형조건(설비의 SET-UP) 항목 관리
	-가동 중인 생산설비 및 공용설비의 예방관리를 위한 철저한 설비점검
생산관리 (물류관리)	-공정 내 표준 재공품 관리를 통한 과잉재고 예방관리
	-제조L/T 준수를 위한 제품 생산 시간관리
	-과잉생산으로 인한 재고 예방관리를 위한 생산계획 수량과 공정능력 분석으로 LOB 관리

중소기업의 공통적인 문제 현상 중에 하나는 사내 불량이 품질 문제라는 이유로 품질 Claim이 발생하면 생산부서는 남의 일처럼 생각하고, 품질부서에서 Claim 발생원인을 분석하여 고객에 통보한다. 이러한 업무 행위가 과연 정상적인 것인가?

아직도 한국의 많은 제조기업에서 이러한 업무행위를 하고 있을텐데, 실로 걱정이 아닐 수 없다. 이러한 방법으로 품질Claim 대책을 수립하다 보니, 동일한 문제가 계속 반복되고, 고객의 신뢰를 잃고 고객으로부터 물량이 끊기는 어려움에 처하게 된다.

이러한 문제 발생의 대책은 매우 간단하다.

문제를 발생시킨 부서에서 원인을 분석하고 대책을 수립한다는 원칙을 고수하면 된다.

이러한 문제를 해결하기 위해서 생산과 품질부서에서 Claim이 발생할 경우 신속히 처리하기 위한 역할을 분담한 내용에 대해서 보기로 하자.

○ 신속한 품질문제 해결을 위한 생산과 품질부서의 업무분장

생산1팀 & 품질혁신팀 부서간 역할

● : 주관 ○ : 지원

구분	업무 내역	영업부서	생산1팀	품질혁신팀
Claim	-. 고객으로부터의 Claim 접수 및 작성	●		○
	-. Claim 접수 확인		○	●
	-. Claim 통보(게시판)			●
	-. Claim 관련 회의 소집		○	●
	-. Claim 원인 및 대책 회의 주관		●	○
	-. Claim 대책에 대한 영업통보		○	●
	-. Claim 대책에 대한 고객통보	●		○
	-. 대책에 대한 실행		●	○
	-. 대책 실행 여부 점검 (품질향상 TF)		○	●

주관부서와 지원부서를 명확히 분장하여, 처리과정에 발생할 수 있는 부서별 책임회피를 예방하고, 주관부서에서 책임 있는 조치를 하도록 교통정리를 실시하여 관리하는 사례이다.

○ 생산부서 내에 팀장, 담당, 직장, 반장 간에 업무분장을 해서 누가 주관이며, 지원을 해야 하는지를 명확하게 정리한 사례인데, 이 회사의 경우 생산팀 내의 팀장, 담당, 직장, 반장의 역할이 애매하여 부서 내 불만이 발생하고, 서로 불신하는 분위기가 많아서, 재조정을 한 사례이다.

생산팀 업무 항목 및 역할 분담

			●:주관				○:지원	
소구분	업무 항목	현재 업무				향후 업무			
		팀장	담당	직장	반장	팀장	담당	직장	반장
사내 공정	-. 작업지시서 발행 (생산계획 수립)		●				●		
	-. 소재투입요구서 발행		●				●		
	-. 현장에 원자재 투입 후 작업지시				●				●
	-. 현장 내 공정관리 (작업보고서입력, 생산계획수정)			○	●			○	●
	-. 공수일보 입력			○	●			○	●
	-. 사내 완성품 전산입력			○	●			○	●
	-. 불량발생 시 담당에게 전달			○	●			○	●
	-. 불량품에 대한 재투입		●				●		
	-. 영업부서와의 납기 협의		●		○		●		○
	-. 재고조사				●				
	-. 재고 취합(전산입력) 및 기안								
외주 공정	-. 원자재 발주서 작성 및 품의		●				●		
	-. 사내 / 외주가공품 의뢰서작성		●	○	●				●
	-. 사내 / 외주가공품 의뢰서작성 1차 판단							●	
	-. 외주발주 품의 / 발주(전산입력) / 결재		●				●		
	-. 외주발주 품의 / 발주 최종결재					●			
	-. 외주가공품 출고 및 입고				●				●
	-. 외주 완성품 전산입력		●				●		
	-. 외주 업체 품질 및 불량률관리					●	○	○	○

구분	업무							
구매	–. 구매요청서 작성			●				●
	–. 구매 발주 및 전표 접수		●				●	
	–. 윤활제 현장 내 조달			●				
실적 회의	–. 현장 내 자체 생산회의 반장, 조장		●				●	
	–. 일일실적회의 주관		●				●	
	–. 주간실적회의 주관		●				●	
	–. 월간실적회의 주관					●		
	–. 일일/주간/월간 생산실적 관리	●				●		
견적	–. 월 마감 업무(원부자재, 외주가공 등)	●				●		
	–. 월 확정 전산완료(원부자재, 외주가공 등)	●						
	–. 견적산출	●	○			●	○	
설비 관리	–. 설비 이상 보고서 작성			●				●
	–. 설비 a/s 요청 및 기안		●				●	
	–. 설비 a/s 완료 보고서		●				●	
	–. 설비 일상점검 관리			●				●
	–. 설비 a/s 완료 보고서		●				●	
	–. 설비 등급 평가			●				
	–. 기타 설비 관리 업무		●				●	
품질 관리	–. 재공품에 대한 자주검사		○	●			○	●
	–. 일일 현장 내 품질 검사		○	●			○	●
	–. 불량감소 정기 회의 주1회 주관 (원자재, 사내불량 자체실시)		●				●	
	–. 불량감소 정기회의 (TF)							
	–. 품질Claim 발생 접수	●				●		
	–. 품질Claim 발생 시 대책수립	○	●	○		○	●	○
	–. 품질 부적합품(NCR) 접수 및 작성	●		●		●		●

　타 제조기업에서 상기의 생산팀 업무분장 내용을 잘 보면 실제 업무에 도움이 되리라 생각한다. 지금까지는 기존 조직의 부서 간 업무 분장, 부서 내 담당별 업무규정을 통한 업무혼선을 방지하고, 제조기업의 핵심관리자인 조·반장의 업무 역할을 명확히 규정한 사례를 보았다.

　다음은 생산팀(제조부)으로서 해야 할 업무를 주요 항목으로 구

분하여 부서의 업무분장을 실시하여 부서원들이 무슨 일을 해야
하는지 명확하게 정립한 사례이다.

○ 부서의 연간 목표를 수립 후 목표 달성을 위한 부서 업무
　분장 사례

● 제조부 주요 관리항목 업무분장세부내용 　　　　　　　승인 : 대표 이 사 　(인)

제조부 000 차장 생산과 : 000 주임 생산관리과 : 000대리 자재관리과 : 000과장	A반장 : 000 A조장 : 000 B반장 : 000 B반장 : 000	제조부 목표	1. 생산 System구축 및 적용으로 효율적인 생산체계 실현 2. 품질관리 System시행을 통한 고품질 제품 생산 3. 표준체계 정립을 통한 생산/품질의 근원적 안정화 실현 4. 철저한 원자재 재고, 단가단혀목표 달성 5. 전원이 즐겁게 참여하는 현장 혁신 활동 6. 신나고 보람있는 Team Work의 생산 분위기 조성

생산(성)관리
1. 월간/주간/일일 생산 계획 수립 (수량, 인원 계획) 　- 달성율관리 2. 생산 실적 정기 보고 (일일, 주간, 월간실적 보고) 3. 생산/판매 회의 주관 (주단위 재고현황 관리) 4. 일일 생산 수율 관리 (생산지표 관리) 5. 자재 수량 입출고 관리 (완제품 재고일수 관리) 6. 조교대 원활한 인수인계를 위한 Communication 활성화 　(반장일지 작성, 기록)

공정관리
1. 일일 각 공정별 생산설비 운전상태 조사 보고 　(일일 Check Sheet 관리) 　- 설비 점검 2. 공정별 설비 Best SET-UP(성형 조건표)관리(이상/유무 파악) 3. 표준 작성 및 표준수율 관리 4. 설비 Spare parts 관리 5. 품질에 영향을 미치는 인자 일일 Check 　- 측정자 오차 Zero를 위한 측정표준 제정 6. 눈으로 보는 관리를 위한 공정개선 　- A급 작업표준 현장 비치 및 관리도 작성 분석

혁신/원가 관리
1. 혁신활동 적극 추진 2. 3정5S 습관화를 위한 주간 Audit 실시 3. 소모품 사용량 감소를 위한 개선활동 4. 정기적 교육 및 평가를 통한 업무능력 향상 5. 제조 Lead Time 단축 개선(VSM 개선) 　- Bottle Neck 설비 생산속도 향상

인원 관리
1. 매월 인원 면담 결과 보고 　- 조장 : 조원 대상 실시 　- 과장 : 조장 및 조원 2. 분위기 활성화를 위한 월1회 단합대회 3. 1회/월 정기적인 전체 회람

● 품질관리부 주요 관리항목 업무분장세부내용 승인: 대표이사 (인)

품질관리부 000 과장	000 대리 000 주임	품질관리부 2009년 목표	1. 수입검사 Input 안정화 관리를 통한 품질불안 요소 차단 관리 2. 철저한 공정품질 관리를 위한 품질 Audit 시행 관리 3. 품질관리System 구축을 통한 품질산포 감소 및 고객만족 실현 4. 표준체계 정립을 통한 생산/품질의 근원적 안정화 실현 5. TS 16949 인증 사후 관리 표준체계 완성

수입품질 관리	공정품질(외주) 관리
1. 원 소재 수입품질 관리 　-. 원 소재 수입 검사 표준 제정 　-. 검사 항목 및 검사방법 결정 　-. 원 소재 수입 검사 업무 Process 제정 관리 2. 수입검사 DATA 작성 관리 　-. ITEM별 수입검사 이력카드 제정 　-. 수입검사 업무 Process 제정 관리	1. 공정품질 관리 　-. 설비별 공정능력 분석 관리(산포관리) 　-. 공정 표준 이행 심사 결과 보고.(주간, 월간) 　-. 계측기 R&R 평가 관리(월1회) 　-. 계측기 검,교정 및 유지/보수 관리 2. 외주품질 관리 　-. 정기적 Audit를 통한 품질 향상 　-. 업체별 품질 지수 관리 방안 제정

출하(최종)품질 관리	CS 및 품질경영
1. 최종검사 방법 효율화 및 품질향상 　-. 업무 효율화(신뢰성, 신속성)를 위한 개선 　-. 부서별 품질 현황 파악 및 대응 방안 수립 　-. 출하제품 선입 선출 관리 2. 출하검사 DATA 작성 관리 　-. ITEM별 출하검사 이력카드 제정 　-. 출하검사 업무 Process 제정 관리	1. 공정불량 및 고객 Claim 분석 및 대책 조치 　-. 주/월간 단위로 목표대비 실적 보고 　-. 품질 목표 지표 관리 　-. 월1회 이상 업체 방문 C/S 활동(품질 현황 파악 및 대응방안) 2. 품질 관리 Process 제정 및 시행 　-. 사내 표준 제/개정 추진 관리 3. 내부 심사 관리 　-. 부서별 업무Process 확인 절차 제정.(고객 및 인증기관 내용포함) 　-. 부서별 교육Process 제정 및 목표대비 실적 관리

　상기 업무분장표의 우측 상단의 5가지 항목이 그 부서의 올해 업무목표를 기록한 내용이고 업무 목표를 달성하기 위해서 부서가 해야 할 주요 관리 항목과 세부내용이 기록되어 있는데, 자료를 보면 이 부서는 품질관리부로서 중점 관리항목을 크게 4가지로 분류를 했다.

　업무분장에 대한 내용과 사례에 많은 페이지를 할애했는데, 업무분장의 중요성을 익히 알고 잘 정비된 회사의 경우 이 내용에 대해서는 지루하겠지만, 만약 아직 업무분장이 애매하거나 정비가 안 된 회사가 있다면 참고하여 정비해 주기를 바란다.

해결방안 2: 報告의 노하우

직장생활을 하는 데 있어서 의사소통을 활성화하는 쉬운 방법 중의 하나가 報告이다.

일 잘해 놓고, 보고를 잘못해서 혼나는 경우가 허다하고, 보고의 시점을 놓쳐서 질책을 받는 경우 역시 다반사이다. 이처럼 직장생활을 잘하는 요령 중에 하나가 보고임을 우리는 너무나 잘 알고 있다. 이러한 '報告' 자체가 의사소통의 길이고, 報告도 잘하는 직원이 능력 있는 직원으로 인정을 받고 있다. 어떻게 하면 보고를 잘하는 직원으로 인정받을 수 있을까?

● 보고의 노하우 1:

한마디로 정의하면 보고는 타이밍이다. 아무리 훌륭한 보고내용이라 하더라도 상사가 원하는 때에 보고하지 않으면 보고의 가치는 100%에서 0%로 급락한다.

혹시 보고의 타이밍이냐 보고의 품질이냐를 고민하고 있다면 주저하지 말고 타이밍을 선택해라!

(그리고 보고의 품질에 대해서 양해를 구하고 다시 한 번 정확한 보고를 하겠다고 하면 상사로부터 후한 점수를 얻을 수 있다.)

● 보고의 노하우 2:

보고의 약속된 납기는 100% 준수해라. 만약 납기 내에 보고가 힘들면 미리 이해를 구하고 납기를 조정해라.

● 보고의 노하우 3 :

보고의 2가지를 유연하게 이용해라. 보고는 구두보고와 서류보고가 있다.

불리한 보고를 해야 하는 경우, 예를 들면 생산에 큰 사고(대형 불량, 설비사고, 품질 Claim 등)가 발생한 경우 통상적으로 구두로만 보고할 경우 상사로부터 질책을 듣지만 메모를 활용하여 상황을 좀 더 명확하게 기록하여 메모를 내밀며 보고를 할 경우 질책받는 확률은 50%로 떨어진다.

(상사는 화가 나면서도 보고하는 부하사원의 성의를 기특하게 여긴다)

새벽에 생산라인에 큰 Loss가 발생했을 경우의 사례를 들면, 상사가 아침에 출근하기 전에 상황을 파악하고 즉시 메모보고서를 작성한 후 상사가 출근하기 전에 전화로 1차보고를 하고, 상사가 사무실에 도착하기를 기다린 후 메모와 동시에 상황을 보고하면 문제발생에 대한 질책보다 신뢰를 더 받을 수 있다.

이처럼 보고는 직장생활에 있어서 상하 간의 의사소통에 매우 중요한 수단으로 작용하기 때문에 항상 부하 입장에서 보고는 생명처럼 여기며 생활해야 한다. 보고를 잘 주고받지 못하게 되면 그야말로 의사소통이 아닌 의사고통이 되는 것이다.

해결방안 3 : 정기적인 회의체 운영

어떤 회사에 가면 그 회사의 간부는 출근해서 줄곧 회의하다 퇴근하는 경우가 허다하다. 그래서 회의가 지겹다고 고개를 절레절레 흔드는 간부들을 많이 본다. 반대로 더욱 놀라운 것은 회의가 꼭 필요한 상황인데도 불구하고 아예 회의를 하지 않는 회사도 있다. 왜냐하면 회의소집을 해도 오질 않거나, 참석을 해도 대화가 되지 않기 때문에 회의를 소집하기 싫고, 참석하지 않기 때문에 회의를 하지 않는다고 한다.

이런 경우 대부분 私적인 감정이 회사 내 업무(公적인 업무)를 방해하는 경우가 대부분이다. 평소 업무적인 협조가 되지 않고, 내 일만 챙기는 직원이 회의를 소집할 경우, 타 쿠서 직원이 협조를 하지 않고 또는 내가 바쁘다는 이유로 회사의 중요한 결정을 위한 회의에 불참을 한다. 심각한 혈액순환 불량의 현상이다. 생각보다 심한 이러한 문제가 대부분의 회사에 퍼져 있다. 내 눈으로 보면 公과 私가 불분명한 큰 관리 Loss가 아닐 수 없다. 회사의 구성원은 사원 개개인의 집합체이고 이런 집합체를 조직적으로 운영하기 위해서는 公과 私를 분명히 하는 규정이 필요하다. 왜냐하면 사람은 감정의 동물이기 때문에 감정을 무시할 수는 없지만, 이런 개인적인 감정으로 인해 업무방해가 있으면 Loss이기 때문이다. 따라서 필요한 회의를 필요한 때에 필요한 인원이 므여서 Output을 내기 위해서는 회의체 운영의 Rule을 만들어서 감정을 배제하고 효율을 창출해야 하기 때문이다. 정기적인 회의체를 잘 운영하는 것은 업무효율을 올리는 차원에서 매우 중요한 역할을 한다. 이런 의미에서 회의는 매우 중요한 의사소통의 수단인 것이다.

그렇다면 꼭 필요한 회의를 어떻게 하면 모두가 유용하게 잘 활용할 수 있을까라는 측면에서 원칙을 세워 보자.

- 원칙 1: 회의를 주관하는 사람이 회의 목적을 분명히 하고, 회의를 리드해야 한다.
- 원칙 2: 짧은 시간에 목적을 이루기 위해 철저한 사전 준비를 한다.
- 원칙 3: 회의의 안건이 매우 복잡, 다양한 안건일 경우 나누어서 진행한다.
  (한 번 회의 때 모든 것을 구하려 하면 안 된다)

회의를 소집하는 사람은 대부분 그 조직의 리더들이 한다. 그리고 그들은 회의를 통해서 본인이 원하는 정보를 듣고, 지시를 하기 때문에 회의의 효과적인 운영을 위해서는 리더가 잘해야 한다.

다음은 기업이 제조활동을 하는 데 필요한 회의체 운영체계이다.

구 분	회의체	주요 안건	주 관	참석 대상	사 례
Daily	일일 품질/생산회의	전일 생산된 제품에 대한 생산성/품질에 대한 문제점 대책 협의	생산	품질/(보전/설계)부서	
Weekly	주간 생산 실적 회의 주간 품질 실적 회의 생산판매(생판) 회의	전주 생산실적에 대한 문제점 분석 전주 품질문제에 대한 문제점/대책회의 차주 생산계획 수립을 위한 협의	생산 품질 영업	품질/(영업/보전/설계) 생산/(영업/생.관) 생산/(품질/보전)	
Monthly	품질경영 회의 경영현황 설명회 공정개선 발표회	전월 생산/품질 실적에 관한 분석 및 차월개선 대책 발표 월별 경영현황에 대한 사원대상 설명 공정별, TF별 개선실적 발표(B/P)	품질 Top 반장	생산관련 전부서 간부 현장 조반장 이상 조반장 이상	

위의 회의체 운영 기본을 보면 매일 해야 일, 주 1회 점검해야 할 일, 월 1회 해야 할 일들을 점검하는 회의체이다. 이러한 점검은 관리의 Cycle인 PDCA의 기본에서 출발한다. 연간 달성해야 할 목표를 수립했고, 수립된 목표가 잘 달성되고 있는지에 대한 점검을 정기적인 회의체를 통해서 해야 한다. 수립된 계획(Plan)을 실행(Do)하고 결과가 어떤지를 점검(Check)해서 문제가 있으면 다시 대책을 수립(Action)하는 것은 관리자의 기본이기 때문이다.

일일실적 분석회의의 효과는 많은 기업을 지도하면서 체험을 했는데, 높은 불량률로 고생했던 한 회사에서 불량감소를 위한 기법 적용 없이 일일실적 분석회의를 열심히 하도록 지도를 했는데, 지도 내용은 회사에서 관리가 필요한 불량 항목을 정하고, 항목별로 발생하고 있는 불량 현 수준을 파악하여 달성해야 할 목표를 선정한 후 매일 아침 전날의 실적을 가지고 목표 대비 실적을 비교하면서 실적미달의 원인을 생산 관련 부서 담당자(대부분 생산, 품질, 설비관리 부서) 간에 회의를 약 3개월 진행하면 약 30%의 불량률 감소 효과를 볼 수 있었다. 이러한 분석회의가 습관이 되면, 불량률뿐만 아니라, 생산성 지표, 품질 Claim 지표를 선정하여 활동하면 관리지표 모두 향상됨을 알 수 있었는데, 이것이 진정한 관리 Cycle를 돌리면서 체험하는 관리활동이 아닌가 생각한다.

다음은 일일실적 분석에 대한 양식이다.

일일실적을 분석할 때 현장운영이 2교대 혹은 3교대로 운영될 때 반드시 교대조별 실적을 구분해야 한다. 조별 실적편차를 줄이는 활동이 개선의 우선이 되어야 한다.

실적을 기준으로 목표와 비교해서 미달이 된 항목에 대해서 그 원인을 분석해서 금일 해야 할 대책을 수립하고, 관리해야 할 업무가 자연스럽게 정리된다.

2009년 03월 24일 생산 실적 분석				작 성	검 토	승 인

1. 생산지표 목표 대비 실적

관리 지표	항 목	단위	목표	전일실적	금일 실적			목표대비 차이
					주 간	야 간	합 계	
목표 달성율	CNC	%	96%	85.8%	83.9%	86.3%	85.1%	-10.9%
	연마		98%	95.0%	89.2%	97.6%	93.5%	-4.5%
	밀링		98%	78.3%	93.1%	84.9%	88.4%	-9.6%
공정 불량율	CNC	PPM	2,000	1,227	794	1,286	1,055	-945
	연마		600	1,401	746	5133	2,129	1,529
	밀링		2,000	5,403	13,020	5,133	8,742	6,742
	완제품 검사		400	50	27		27	-373
설비종합효율	설비종합효율	%	95%	88.2%	84.8%	88.0%	86.5%	-8.5%
	시간 가동율		98%	97.0%	93.5%	97.4%	95.6%	-2.4%
	성능 가동율		95%	91.0%	90.8%	90.5%	90.6%	-4.4%
	양 품 율		100%	99.9%	99.9%	99.9%	99.9%	-0.1%

2. 실적 미달원인 분석 및 대책

문제 현상	원인 분석 및 대책	담당자	일정
후공정 B13호기 MILLET S/R 불량 불량 수량 - 270 EA	원인 : 드레싱 후 순간적으로 치수가 -0.02 떨어 대책 : 최대한 빨리 설비 분해해서 어떤 원인인지 파악할것. B13~14호기 수리 일정 세워서 진행하도록 할 것	심난용G	서두를것 즉시
후공정 D구역 4370KW3144B 셋팅불량	원인: 4370KW3144B 밀링 셋팅을 처음해보는		

3.24 CNC설비종합효율   CNC설비별 일일효율   후공정 분석

MES 시스템 혹은 ERP 시스템을 사용하지 않는 회사의 경우 수작업으로 필요한 Data를 철저하게 파악해야만 일일실적 분석회의가 가능한 일이다. 이처럼 일일실적 분석회의를 한다는 의미는 지표관리가 되고 있고, 지표 달성을 위한 활동을 한다는 의미이고, 어떤 방법으로든 생산Data를 집계한다는 의미이기 때문에 이러한

3가지가 되어야만 일일실적 분석회의를 통해서 생산성, 불량 개선을 최소한 30% 할 수 있다는 것이다.

　다음은 주간실적 분석에 대한 양식이다.

　일주일의 실적에 대해 정리하고 문제점을 검토, 개선하는 회의로서 주간단위로 Check하는 회의로서 제조 관련 부서장이 반드시 참석해서 점검해야 하는 회의체이다. 실적미달 공정이 어디인지, 왜 미달했는지, 대책은 제대로 수립되었는지 확인하고 방향을 잡는 회의이며 부서장과 담당자 간의 업무 소통을 위한 시간이다.

09년 38주차 품질경영 실적 분석 (9월14일~9월19일)

작 성	검 토	승 인

1. 품질 목표 대비 실적

관리 지표	단위	목표	전주 실적	금주 실적	09월 누계
고객불량건수	LOT수	1	-	-	4
고객 불량율	PPM	100	-	-	496
재 작 업 율	PPM	3,000	-	-	2,394
품질실패비용	원(₩)	3,500,000	607,348	1,060,041	3,459,819

2. 생산 목표 대비 실적

관리 지표	항 목	단위	목표	전주실적	금주 실적 (H.Y조)	금주 실적 (P.K조)	합 계	차이
목표 달성율	CNC	%	96.0	93.1	93.0	93.8	93.4	-2.6
	연마		98.0	95.0	94.1	95.4	94.7	-3.3
	밀링		98.0	94.1	91.7	94.2	92.8	-5.2
공정 불량율	CNC	PPM	2,000	1,674	3,026	4,045	3,510	-1,510
	연마		600	296	333	254	295	305
	밀링		2,000	1,363	1,536	2,925	2,171	-171
	완제품검사		400	273	317		317	83
설비종합효율	설비종합 효율	%	95.0	89.5	91.1	87.9	89.5	-5.5
	시간 가동율		98.0	95.8	97.6	96.2	97.1	-0.9
	성능 가동율		95.0	93.6	93.4	91.7	92.6	-2.4
	양 품 율		100.0	99.8	99.7	99.6	99.6	-0.4

3. 실적 미달 원인 분석 및 대책

문제점 현상	원인 분석 대책	담당자	일정
1. TISSOT DEVE Ф6부 가공후 편심 불량 : 278e SPEC : 0.015 이하 실측 : 0.015 이상	원인 : 1.원소재 진직도가 좋지 않아 문제 발생 됨. 원소재 관리를 300mm / 0.020이하 관리하여 금결에 문제점발생 처나 소재 내용 품으며 사름함으로 발생됨		

38주차 / 완제품검사불량유형 / CNC공정불량유형 / 연마공정불량유형 / 밀링공정

엑셀을 활용해서 관리지표에 대한 주간실적을 요약한 내용이고, 다음의 엑셀시트를 누르면 실적에 대한 Back Data를 볼 수 있도록 해서, 문제분석을 할 수 있도록 만든 것이다.

다음은 월간실적 분석에 대한 양식이다.

월간 실적결과 보고서로서 한 달 동안 제조활동을 한 결과를 목표 대비 실적을 요약했고 이 Data를 통해 연간 목표대비 실적을 파악할 수 있다.

다음 장에는 한 달간 매일 분석한 항목별 실적 그래프를 샘플로 참고해 보면 다음과 같다.

월간실적 보고서 Sheet란에 첨부된 자료로서 한 공정의 월별 목표 대비 실적 Trend를 그래프로 표현한 자료이다. 이 자료를 보면 목표 불량률 2,000PPM을 기준으로 매월 실제 불량률이 감소하고 있음을 보여주는데, 앞서 설명했던 대로 특별히 어떤 기법이 적용되어 개선된 것이 아니라, 관리자가 당연히 하야 하는 실적에 대한 PDCA 관리활동을 한 결과이다.

報 告 書	보고자				결재	작성	검토	승인
보고일자		협의부서				지시사항		
문서번호								
제 목	2009년 05월 품질 현황 및 실패 비용 보고의 건							

09년 05월 품질 현황 및 실패 비용을 다음과 같이 보고 드립니다.

1. 공정 실적 및 품질 현황

공 정	목표수량	생산수량	달성율	불량수량	불량율(PPM)
C N C	########	1,615,087	87.4%	2,424	1,501
연 마	########	2,534,592	95.5%	1,614	637
밀 링	654,415	618,211	94.5%	1,538	2,488

2. 품질 지표 현황

구 분	목 표	실 적	차 이	달성율
고객불량율(PPM)	100	377	-277	26.5%
고객불량건수	1	8	-7	12.5%
재작업율(PPM)	3,000	3,867	-867	77.6%
실패비용(₩)	4,000,000	5,189,068	-1,189,068	77.1%

3. 품질 실패 비용 산출 내역

구 분	실 패 비 용	비 고
공정불량비용	3,184,718	-. 납품단가 적용 산출(셋팅품포함)
고객불량비용	1,893,110	-. 평균 시급 13,905원 적용 산출
재작업비용	111,240	(연봉총액 ÷ 12개월 ÷ 20일 ÷ 8시간 ÷ 인원수)

보고서 월별실패비용 고객불량 고객불량목표&실적 고객불량개선대책 고

　　월간 보고서도 마찬가지로 월 실적에 대한 근거자료를 엑셀시트에 첨부하여 실적에 대한 일일변화 Trend와 특기사항을 파악할 수 있게 하였다.

　　이런 월간 보고서 자료가 단순히 보고로서 끝나는 것이 아니다. 1년이 지난 후 특정 월에 무슨 일이 발생되었는지 기록관리가 되기 때문에 월 보고서 자체가 기술 자료로서의 용도와 가치가 있음을 알게 될 것이다.

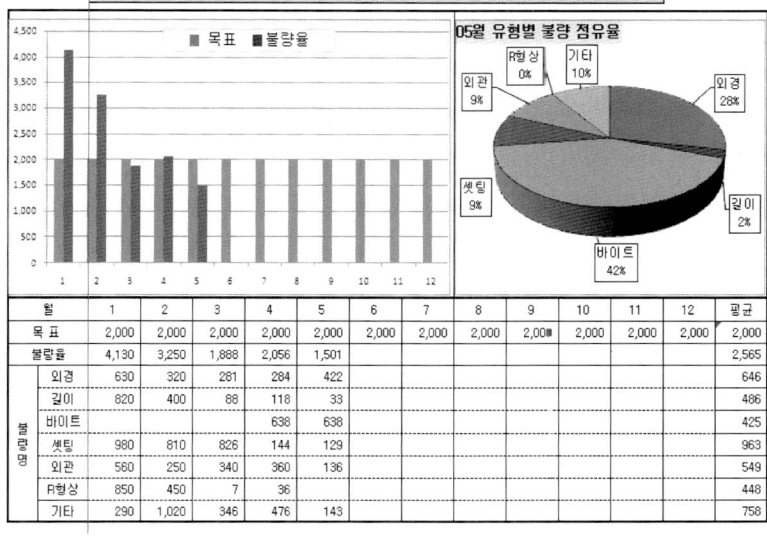

09년 CNC 공정불량 목표대비 실적 현황

월	1	2	3	4	5	6	7	8	9	10	11	12	평균
목표	2,000	2,000	2,000	2,000	2,000	2,000	2,000	2,000	2,000	2,000	2,000	2,000	2,000
불량율	4,130	3,250	1,888	2,056	1,501								2,565
불량명 외경	630	320	281	284	422								646
길이	820	400	88	118	33								486
바이트				638	638								425
셋팅	980	810	826	144	129								963
외관	560	250	340	360	136								549
R형상	850	450	7	36									448
기타	290	1,020	346	476	143								758

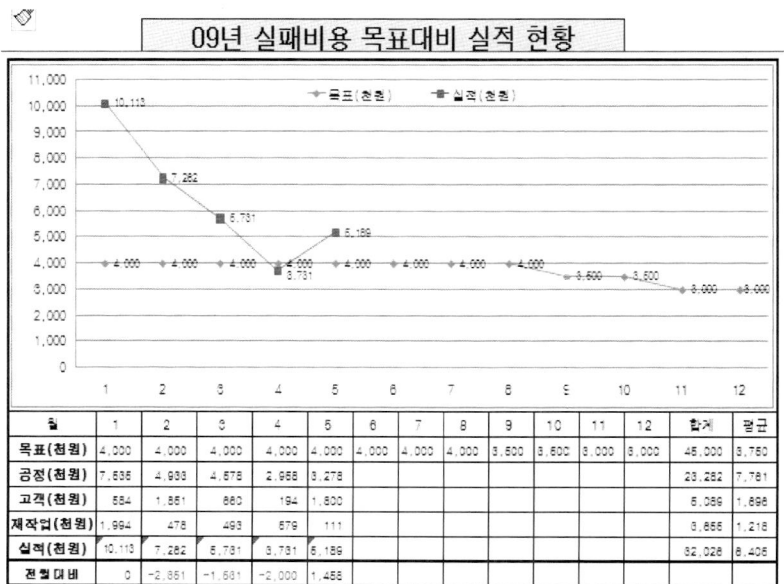

09년 실패비용 목표대비 실적 현황

월	1	2	3	4	5	6	7	8	9	10	11	12	합계	평균
목표(천원)	4,000	4,000	4,000	4,000	4,000	4,000	4,000	4,000	3,500	3,500	3,000	3,000	45,000	3,750
공정(천원)	7,635	4,933	4,578	2,958	3,278								23,282	7,761
고객(천원)	584	1,851	660	194	1,800								5,089	1,696
제작업(천원)	1,994	478	493	579	111								3,655	1,218
실적(천원)	10,113	7,262	5,731	3,731	5,189								32,026	6,405
전월대비	0	-2,851	-1,531	-2,000	1,458									

이 자료는 월 보고서에 기록된 실적 Trend이다. 어떤 공정의 월별 불량 Trend와 품질실패 비용에 대한 월별 실적 관리도이다.

지금까지의 회의체 운영 대상이 관리자 위주의 활동이라면 다음은 현장 조·반장에 의한 자주개선 활동에 대한 월간 발표자료로서 월 1회 정기적으로 공정별로 개선 활동한 내용을 정리, 발표하는 양식이다.

제조기업의 변화와 개선을 위한 활동은 2가지 측면에서 동시에 전개되어야 하는데 관리자의 개선 활동과 현장의 개선활동이 동시에 진행되어야 살아 있는 개선활동으로서 효과를 극대화할 수 있다.

다음은 현장의 자주개선 분임조의 월간 활동지표의 사례이다.

2009년 압입/드릴 TF 분임조 혁신활동 평가 지표 근거

구분	항목	목표	가중치	6월		7월		8월		9월		10월		11월		12월	
				실적	점수	실적	점수	실적	점수	실적	점수	실적	점수	실적	점수	실적	점수
성과지표	드릴불량율	1300 PPM	10	699	10	336	10	462	10.0								
	압입불량율	400 PPM	10	0	10	0	10	0	10.0								
	드릴작업효율	80%	10	82	10	86	10	91	10.0								
	압입작업효율	80%	10	80	10	82	10	91	10.0								
	품질 claim 건수	1건	10	0	10	1	8	0	10.0								
활동지표	불합리 발굴건수 및 개선율	20건	10	35	10	20	10	20	10.0								
		80%	10	94	10	85	10	90	10.0								
	OPL작성건수	5건	10	5	10	5	10	5	10.0								
	품질 Audit 점수	80점	20	51	12.75	67	16.8	71	17.8								
총점					92.8		94.8		97.8								

많은 제조현장에서 개선활동을 하고 있지만, 일부 우수한 회사 이외의 현장 개선활동은 형식적이어서 현장 조·반장을 비롯한 작업자 전원이 관심이 없거나, 억지로 하다 보니 현장 개선활동을

하는 현장치고는 너무 엉망인 회사가 많다.

현장 자주개선 활동은 현장의 문제는 현장 스스로 개선함을 원칙으로 하여 재미를 느끼고, 스스로 열심히 문제를 찾도록 해야만 튼튼한 제조현장이 될 수 있는데 사례를 통해서 간단히 소개해 보자.

현장 자주개선 활동이 성공적으로 진행되기 위해서 첫째는 자주개선의 방법을 철저한 교육을 통해 어떻게 해야 하는지 충분히 이해하도록 해야 한다.

둘째는 잘하면 그에 따른 보상을 확실히 해서 열심히 하면 얻는 것이 많다는 성공체험을 시켜야 한다.

셋째는 자주개선의 내용이 단순히 5S 수준에 머물면 안 되고, 연간 목표에 대한 참여를 위한 성과지표를 관리하도록 하여 생산성, 불량률 개선에 적극 참여토록 하고, 활동지표로서 불합리 개선, 제안제도의 한 단계 Level Up된 OPL제도를 적용하여 현장의 지식수준을 향상할 수 있도록 해야 한다. 또한 현장의 각 분임조 구역별로 품질 Audit를 통해서 품질관리 활동이 현장에 뿌리 내리도록 해야 한다. 이를 위해서 성과 지표 중에 품질 Claim건수를 자료로 하여 품질 Claim이 발생하면 목표달성이 곤란하게 만들어서 품질은 현장에서 관리해야 하는 중요한 관리지표로 자연스럽게 인식시키도록 해야 한다.

이런 방법으로 회의체를 운영하면 업무에 필요한 의사소통은 자연스럽게 습관화가 될 수 있고, 원활한 의사소통의 결과로 업무효율을 향상시킬 수 있다.

지금까지의 내용이 회사 내 의사소통을 위해 반드시 필요한 3가지 원칙을 언급했는데 정리를 다시 해 보면,

① 명확한 업무분장
② 보고의 노하우
③ 회의체 운영 방법

3가지에 대해서 설명을 했는데, 기업의 의사소통이 위의 3가지 방법으로 다 해결할 수는 없겠지만 많은 도움이 되리라고 생각한다.

02. 목표관리의 부재

제조기업에서 생산활동을 하면서 생산효율을 올리고, 실적을 관리하는 과정에 목표관리는 매우 중요한 관리항목인데 만약 목표관리가 제대로 안 되는 회사는 생산성과 품질관리에 애로사항이 많을 수밖에 없다. 왜냐하면 공장을 진단하고, 지도하면서 발견된 문제점 중에 하나가 목표관리를 하고 있지 않거나 관리를 해도 형식적으로 관리하고 있는 회사는 열심히 일해야 하는 이유, 동기가 불분명하기 때문이다.

목표관리는 대기업에서는 정착되어 시스템적으로 운영되고 있는데, 목표관리가 단순히 지표를 선정하고, 실적 달성을 관리하는 의미보다는 기업의 경영관리 측면에서 보면 관리의 다리 역할을 하고 있다고 생각한다.

'관리의 다리'라는 의미는 경영관리의 기본은 업무분장을 통한 부서별, 개인별 교통정리이고 다음이 업무분장의 기본을 가지고, 목표관리를 부서별, 개인별로 세분화하여 목표관리를 해야만 비로소 공정한 평가가 가능해지고, 이 평가의 결과를 가지고 평가 시스템이 만들어진다. 이런 의미에서 목표관리는 관리의 다리라고 이야기할 수 있다. 그래서 다음은 이런 목표관리를 하지 않는 회사에서 나타는 공통적인 문제점에 대해서 이야기하기로 한다.

문제현상

1. 해결해야 할 문제도 많고, 해야 할 일도 많은데 대기업 사원보다 더 일찍 퇴근한다
· 무슨 일을 어떻게 해야 할지 모르는 사원
· 알아서 열심히, 늦게까지 해야 할 동기가 없고 시간 때우기식 분위기
· 업무는 상사가 지시를 해야지, 스스로 문제를 찾아서 일하면 오히려 혼나는 회사

2. 매일 늦게 퇴근은 하는데, 회사에 기여하거나, 성취감을 느끼는 것이 아니라 습관적으로 늦게만 퇴근한다
· 윗사람은 당연히 일찍 퇴근하는 사람, 부하사원은 당연히 늦게 퇴근해야만 되는 분위기
· 일의 내용(質)을 보면 개선적인, 창조적인 일이 아닌 대부분 사

고성 문제를 해결하는 일에 바쁜 낭비적인 업무가 많은 회사

3. 대부분의 직원이 피동적으로 일을 한다
· 적극적으로 나서서 일을 해야 할 이유나, 동기가 없다.
· 성격 급한 직원이 나서서 일하고 혹시 결과가 좋지 않으면, 나
  선 사람만 질책을 받는 회사

4. 일 잘하는 人才가 눈치 보며 일하고, 주변 동료로부터 나서지 말라고 질책받고 결국 같이 일을 하지 않거나, 못 견디고 퇴사하는 경우가 자주 발생한다
· 인재가 회사를 떠나는 것은 반드시 급여가 낮고, 대우가 낮은
  이유보다는 인재의 열정을 독려하고 목표 달성을 위한 조직적인
  활동이 없어서 인재가 떠나는 이유가 대부분인데, 그 진짜 이유
  를 문제기업의 CEO는 모른다.

5. 사람이 바뀌면, 기본 업무는 무시되고 기준이 없는 업무 방식이 되풀이 된다
· 분명한 목표가 있고, 이 목표달성을 위한 업무분장이 명확하면
  관리자가 바뀌어도 중요한 관리 Point를 짚어가면서 유지가 가
  능한데, 사람에 따라 업무도 변하는 위험한 관리 상태가 반복적
  으로 발생한다.

이런 문제가 발생하는 원인이 대부분 목표관리 없이 되는대로
일하는 회사에 나타나는 공통적인 현상이다.

원인은 결론적으로 목표관리를 하지 않기 때문에 발생하는 문제이지만, 왜 목표관리를 하지 않는 것인지에 대해 원인을 정리해 보면 다음과 같다.

1. 목표관리의 중요성을 모르고, 어떻게 해야 하는 것이지 관심이 없는 기업문화
 - 새로운 것은 일단 거부감이 있고, 관리자 입장에서 보면 목표관리를 하면 나부터 힘들고, 귀찮아지기 때문에 목표관리System 도입을 꺼리는 간부가 많은 회사
 - 회사의 경영자가 제조기업의 특성을 모르고 있는 관리, 영업 또는 기획 전문가인 경우에 제조 경쟁력의 중요성을 무시하거나, 관심이 없는 회사

2. 제조기업의 Leadership의 Key Point가 목표관리임을 인식하지 못하는 회사
 - 대개 이런 회사는 업무진행에 대한 점검(Check)기능이 없어서 자주 사고성 문제가 발생하는데, 재발방지 대책을 세우는 일도 제대로 하지 못한다.
 - 기업의 목표관리를 재무적인 관점에서만 판단하는 경영자의 잘못된 인식이 있는 회사로서 재무적인 관리는 제조기업에 있어서 결과만을 관리하는 것으로서, 왜 매출액이 증가했는데 이익이

나지 않는지 그 원인관리를 하지 않는 회사에서 이런 문제가 발생하는데 이런 회사의 경우 대부분 경영자가 생산을 경시하는 경우가 그러하다.

3. 조직 간의 업무분장이 애매하여 목표관리System을 도입하기 어려운 회사

- 앞서 설명했지만 업무분장이 명확하지 못하면 목표관리를 도입하기 어렵고, 설령 목표관리를 도입해도 정착이 될 수 없는 상태이므로 목표관리 이전에 업무분장을 우선 잘 정립하고 생활화가 되도록 해야 한다. 따라서 명확한 업무분장이 경영관리의 기본임을 명심하는 것이 중요하다.

해결방안

목표관리를 어떻게 하면 잘 수립하고, 운영해서 직원 모두가 눈에 빛을 내고, 열정을 가지고 업무에 집중하게 할 것인가? 이런 기업문화가 결국 제조 경쟁력의 가장 근간이 되는 열쇠라고 생각한다. 제조기업의 경영자는 회사 내 이런 분위기가 조성되면 얼마나 좋을까 하고 고민하는 분들이라고 생각한다.

목표는 열정을 이끌어 내는 원동력임을 인식하고, 목표가 달성되었을 때 회사의 모습과 개인의 모습을 같이 그려주고, 목표를 달성함으로써 직원 개개인이 성취되는 성공체험을 하게 만드는 것이 진정한 경영자의 역할이라고 생각한다.

그런데 많은 중소기업을 가보면 현실은 정반대인 경우가 많다. 경영자의 역할 중에 중요하다고 생각하는 것이 Vision 수립과 Vision을 달성하기 위한 목표설정 그리고 목표를 달성할 경우의 인센티브 방안을 제시하고 열심히 일할 수 있는 동기를 부여하는 것이 CEO의 중요한 역할이라고 생각하는데, CEO가 현장 반장처럼 일을 하는 회사가 많고, 부하직원이 일을 제대로 못 한다고 질책은 잘해도 왜 잘할 수 없는지 생각을 못 하는 경영자가 많다.

회사의 CEO를 포함한 임원들의 역할은 무엇일까? 이 시점에서 한번 생각해 보고자 한다.

회사의 정책을 수립하고, 매년 해야 할 업무를 정하며, 이에 따른 목표를 수립하고 목표를 달성하기 위한 방안을 결정하는 일이 중요한 기능이라고 생각한다. 이렇게 목표가 수립된 회사에서 가장 바쁜 사람이 임원들이다. 일을 제대로 하는 회사에서의 임원은 직원 중에서 가장 일찍 출근하고, 가장 늦게 퇴근을 한다. 본인이 제일 바쁘기 때문이다.

반대로 임원 본인이 고민 없이 수립된 목표를 가진 회사에서는 가장 한가한 사람이 임원이고, 별로 할 일이 없는 경우가 많기 때문에 오늘 퇴근하고 뭐하고 지낼지가 관심사인 경우도 있다. 조금 과장되긴 했지만, 이렇듯 임원이 스스로 목표를 세우고, 달성방안을 주도적으로 수립한 경우와 아예 목표가 없거나, 부하사원이 세운 목표를 가지고 별생각 없이 운영하는 임원의 질적 업무 차이는 클 수밖에 없다. 회사의 경영자는 임원의 목표를 관리하고, 임원은 해당 부분의 간부 목표를 관리하고, 간부는 해당 부서의 사원의 목표를 관리하는 피라미드식 목표관리가 진행되면 경영자가 현장에서 반장처럼 일하는 행위는 사라지리라고 생각한다.

현장을 중시하는 측면에서 경영자가 현장을 자주 순찰하고, 관심을 가져주는 것은 매우 좋은 현상인데, 경영자가 현장을 가는 목적이 어디에 있느냐가 문제인 것이다.

경영자를 반장이라고 부르는 회사, 임원들이 생각하지 않고 바쁘지 않은 회사는 100% 목표관리에 대한 업무 Process가 없다. 이런 문제 현상에는 2가지 원인이 있는데 첫째가 경영자 본인이 목표관리에 대한 중요성을 모르며, 관리의 필요성을 느끼지 못하고, 회사의 모든 일은 내 손을 통해야만 해결 가능하다고 생각하는 독재형이 있고, 둘째는 이런 경영자라 하더라도 경영 시스템을 이해하고 모든 업무를 Process화해야 하는 임원들의 역할이 미흡한 경우이다.

그래서 회사의 운명은 경영자와 임원의 역할인 것이다.

이런 사례도 있는데, 오랜 기간 동안 목표에 대한 개념 없이 가족처럼 지내온 회사가 목표관리를 하고, 제대로 된 회사의 시스템을 갖추어 가기 위한 고통스런 과정의 예이다.

이런 고통에는 기존의 많은 가족 같은 직원이 스스로 퇴사하거나, 퇴사를 당하는 경우가 반드시 발생한다. 마치 과거 역사에서 보듯이 정권을 세운 일등공신이 가장 먼저 나라 개혁의 희생양이 되어 유배를 당하거나, 죽임을 당하는 것과 다를 바가 없는 현상이 발생한다.

기업의 혁신활동에 비추어 과거를 유추해 보면, 이런 현상은 어쩔 수 없는 결과라고 이해가 된다. 목표에 대한 개념 없이 매일매일 일만 해 오던 직원이 경영자의 변화 요구에 스스로 변화에 맞추어 새로운 업무에 적응을 하고, 노력을 하는 직원은 빠른 성장과 이에 따른 혜택을 누리지만, 과거 편안했던 시절을 그리워하며, 현재의 피곤함에 불만이 가득한 직원은 결국 선택을 해야만 하는 시점이 닥쳐온다. 내가 변할 것이냐, 그만둘 것이냐.

이러한 고통의 기간을 통해서 기업은 새롭게 경쟁력을 가진 기업으로 태어나는 것이다.

이러한 변화의 과정에 경영자가 주의해야 할 것이 몇 가지 있는데 반드시 짚고 넘어가야 할 것 같다.

1. 빨리 변하라고 너무 급하게 채근하지 말아야 한다
- 경영자 본인은 다른 회사의 우수한 면을 경험할 기회도 많고, 듣고 보는 것이 많기 때문에 본인 회사에서 관리되는 수준이 낮아서 답답하고, 그렇게 일하는 관리자들이 한심하고, 다른 회사처럼 빨리 좋은 회사를 만들고 싶어 한다.
- 관리를 잘하는 회사, 짧은 기간에 뻥튀기는 것처럼 바로 되는 것이 아님을 알고, 하나씩 계획을 가지고 단계별로 나아가야 된다는 것을 명심해야 한다.

2. 마음을 열고, 사장 입장이 아닌 종업원 입장에서 그들이 힘들어하는 것이 무엇인지 들을 줄 알아야 한다
- 내 생각이 옳고, 너희들 생각이 다른 것은 무조건 문제이며, 변하지 않아서 그렇다고 종업원들이 이야기하는 애로사항 모두를 무시하지 말아야 한다.

3. 동시에 너무 다발적으로 경영자 본인이 하고 싶은 것을 요구하지 말아야 한다

- 경영자 본인이 볼 때는 아주 쉬운 것 같아도 실제 그 업무를 해야 하는 직원들에게는 어려운 일일 수 있다는 것을 이해해야 하며, 본인 회사의 관리자, 직원들의 업무능력을 정확히 파악하면서 속도를 조절할 줄 알아야 한다.

회사를 지도하면서 이런 변화의 고통을 겪는 관리자에게 자주 이런 말을 한다. 중이 절이 싫으면 중이 떠나듯, 변화가 정말 싫다면 본인이 스스로 회사를 떠나든가, 회사에 있고 싶다면, 변화의 고통을 즐기면서 변해 보라고 권한다. 남자는 하루의 2/3를 직장생활의 테두리에서 생활하는데 불만이 가득하고, 억지로 직장생활하는 것은 자신의 남은 인생을 아깝게 소비하는 것이라고 이야기를 한다.

이렇듯 기업의 변화와 혁신의 중심에는 목표관리가 매우 중요한 역할을 한다고 생각한다.

결국 목표관리는 변화의 목표이자, 혁신의 목표이고 변화의 모습을 Data로 확인하기 위한 주요한 경영관리 수단이라고 생각한다.

해결방안 1 : 명확한 목표선정

다음의 사례는 중소기업에서 목표관리를 위해서 수립한 2가지 사례인데, 하나는 목표수립을 어떠한 절차에 의해서 어떻게 수립하

는지에 대한 목표수립 Process 사례이고, 나머지는 실제 한 중소기업에서 수립한 연간 목표달성 방안 사례이다.

매년 말 차년도에 달성해야 할 목표를 선정하고, 선정된 목표를 달성할 수 있는 방안을 부서별로 전략을 수립하고, 세부 달성방안을 수립한다.

이러한 과정을 통해 부서원 모두 해야 할 업무방향이 정립되고, 개인이 무엇을 어떻게 해야 하는지 명확해진다. 부서별 목표달성 방안을 수립하는 과정에 반드시 Work shop을 통해 부서원 모두 공감대를 이루게 하는 것이 목표달성에 매우 효과적인 방법이다.

목표는 등대와 마찬가지다. 힘들고 어려워도 가야 할 방향이 분명하다면, 조금 늦을지언정 목표지점에 도달하기 때문이다.

다음은 목표를 수립하는 방법과 목표선정의 방법 그리고 목표수립을 위한 세부적인 업무Process를 예시를 했는데 참고하기 바란다.

○ **목표수립 Process**

1. 목적
- 1년 단위로 향후 1년 동안 개선해야 할 관리지표를 선정하고, 개선활동을 전개함으로써 개선업무가 일상적인 업무로 정착하기 위함.
- 부서별 집중해야 할 업무목표를 분명히 함으로서 업무의 생산성을 향상시킬 수 있음.

2. 연간 관리지표 선정 기준

- 부서 별 주요 관리지표를 선정하고, 해당년도의 수준을 파악하고, 차년도 달성해야 할 목표를 선정한다.
- 관리지표는 해당부서에서 해결 또는 개선해야 할 주요관리(주요 문제)를 위주로 선정하고 목표는 힘든 노력을 통해서 겨우 달성 가능한 수준으로 선정한다.
- 부서별 관리지표가 선정되면, 회사 차원에서 개선 후의 재무 상태를 파악 가능한 지표를 선정한다.(예: 매출액 대비 제조원가 비율)

3. 부서별 목표달성을 위한 계획(전략) 수립방법

- 지표선정 및 현 수준 파악과 목표가 선정되면, 부서별 부서장이 목표를 달성하기 위한 달성 계획 또는 전략을 요약하여 정리한다.
- 부서장의 의지와 방법을 기준으로 부서 내 관리자(현장, 조반장 포함)전원의 회의를 통해서 내년도 부서별 목표달성 계획(전략)을 확정한다. (반드시 협의와 이해를 통한 공감대 형성 필요)

4. 목표 달성을 위한 세부 달성 방안 수립

- 지표선정에 따른 부서장의 달성 계획(전략)을 기준으로 부서 내 관리자들과 목표를 달성하기 위한 세부적인 방안을 수립한다.
- 세부 달성 방안양식은 항목/현상(문제점)/대책방안/담당자/일정을 기본 Format로 작성한다.
- 세부 달성방안 수립은 반드시 현장 관리자(조반장)를 포함해서 Work Shop을 통하고 충분한 토의를 통해 방안을 도출해야 한다.

- 명확한 대책수립, 개선을 위해서는 문제의 현상, 개선해야 할 대상에 대한 현상파악이 매우 중요하므로 정확한 현 수준 파악을 위해 충분한 Data를 준비하고 무엇이 문제이고 집중개선 대상이 무엇인지를 공유해야 한다.

5. 목표실정에 대한 Follow-UP방법
- 목표관리 Process에 언급한 것과 같이 년간 달성지표에 대한 Follow-UP은 월별실적분석을 실시하여 전월 실적분석 및 차월 대책을 수립한다.
- 주간 단위별 목표실적 분석 및 일일 실적분석을 실시하면서 년간 목표실적관리Process를 운영한다.

6. 년간 목표달성 방안 수립 Process

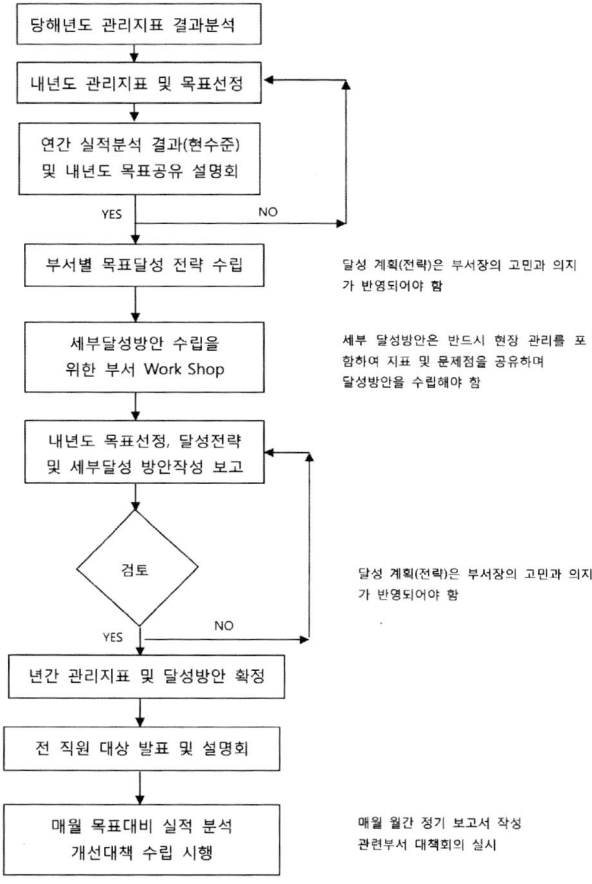

선정된 목표, 즉 관리해야 할 지표는 회사 전체의 목표로 만들어야 하는 것이 매우 중요하다. 회사의 목표일 뿐 나의 목표가 아니라고 여기는 직원이 많을 경우 이 목표는 아무 의미가 없는 경우를 많이 경험했다. 어쩌면 목표를 수립하는 일보다 수립된 목표가 회사에 어떤 의미가 있고, 반드시 달성해야만 하는 목표인지를 설명하고, 공유하는 일이 더 힘들고 중요함을 알아야 한다. 이것이 커뮤니케이션의 시작이라고 생각하기 때문이다.

○ 연간 관리지표(목표) 선정 사례

다음의 사례는 목표관리를 하지 않았던 회사가 처음으로 연간 목표를 수립하고, 이 목표를 달성하기 위한 방안을 수립했던 내용을 소개하고자 한다. 기존에 관리해야 할 관리지표가 없었기 때문에 약 한 달 동안 제조와 관련된 관리항목을 정하고 현 수준을 파악했고, 연말까지 달성해야 할 목표를 선정했다.

목표를 선정한 후, 목표를 달성하기 위한 쿠서별 계획(전략)을 부서장을 중심으로 관련 간부들이 모여 회의를 거듭하여 목표달성 전략을 수립했는데, 이때 부서장의 목표달성 전략은 해당 부서의 정신이 담겨 있는 내용이어야 하는데, 달성전략의 품질이 달성 여부를 결정하는 중요요인으로 작용을 한다. 대부분의 목표는 Top Down으로 정하게 되지만, 이때 정한 목표에 대해서 해당 부서원의 달성의지와 필요성이 전략에 잘 스며들었을 경우 비로소 가속의 힘이 붙을 수 있고, 이때 부서장과 부서원의 생각이 없는 목표와 전략을 가지고 시작하면 도중에 실패하는 경우가 대부분이다.

다음의 내용은 제조회사의 연간 달성 목표의 예이다.

2009년 C사 경영목표

구분	관리 지표	항목	단위	현수준 (09년 3월)	목표 (09년 4/4)
제조부	목표 달성율	CNC	%	89%	96%
		연마		92%	98%
		밀링		90%	98%
	공정 불량율	CNC	PPM	1,886	1,000
		연마		1,025	600
		밀링		5,216	2,000
		완제품 검사		270	150
	설비종합효율	설비종합 효율	%	89%	95%
		시간 가동율		96%	98%
		성능 가동율		93%	98%
		양품율		99%	99%
	자재과	완제품 재고 일수	일	3.2	2.0
		원재료단가	kg	5% 감소	
		원재료 재고량 감소	ton	91	35
품질부	claim율	고객	PPM	221	50
	재작업율	사내	PPM	5042	3000
	품질 실패 비용	고객+사내	만원	573	300

생산과 관련된 효율을 측정 지표로서 생산계획 대비 목표 달성률, 사내 불량률, 설비종합 효율을 관리 지표로 정했고, 자재부서는 원자재 및 완제품 재고 관리 지표를 정했고, 품질부서는 고객 Claim율, 재작업률, 실패비용에 대한 지표를 관리하기로 정했다.

○ 연간 목표 달성을 위한 부서 달성전략

2009년 제조부 목표달성 전략

1. 생산 System구축 및 적용으로 효율적인 생산체계 실현
- 완제품 제고일수 2일내 달성
- 설비종합효율 95% 달성
- 생산효율 향상으로 생산 Capa 30% 증대
- 생산상황 실시간 분석으로 사고性 문제 Zero화

2. 품질관리 System 시행을 통한 고품질 제품 생산
- 제품 품질 산포관리를 통한 불량율 감소 및 Claim율 감소로 고 품질 제품 생산

3. 표준체계 정립을 통한 생산/품질의 근원적 안정화 실현
- 회사 특성에 맞는 표준관리 체계 구축

4. 철저한 원자재 재고, 단가인하목표 달성
- 원재료 재고 감소 (08년 실적: 91ton --> 목표 35ton)
- 원재료 단가(kg) 5% 절감

5. 전원이 즐겁게 참여하는 현장 혁신 활동
- 낭비 없는 현장, 낭비 없는 관리

6. 신나고 보람 있는 Team Work의 생산 분위기 조성
- 끊임없는 교육/훈련으로 업무능력 배양
- 즐거운 생산현장을 만들기 위한 상호간의 친밀도 형성
- 신상필벌을 실천하는 공정한 평가제도 운영

2009년 품질부 목표달성 전략

1. 수입검사 Input 안정화 관리를 통한 품질불안 요소차단 관리
- 원 소재 수입 검사 업무 Process 제정 관리
- 원 소재 검사 항목 및 검사방법 개선

2. 철저한 공정품질 관리를 위한 품질 Audit 시행 및 품질 산포 관리
- 정기적 Audit 활동
- 설비별 제품 산포 관리를 통한 공정품질 개선

3. 품질관리System 구축을 통한 고객만족 실현
- 고객 Claim 발생시 재발방지를 위한 철저한 원인분석, 개선활동.
- 월1회 이상 업체 방문 C/S 활동 실시.(품질 현황 파악 및 대응방안)

4. 표준체계 정립을 통한 생산/품질의 근원적 안정화 실현
- 살아있는 표준제정으로 표준에 의한 생산 정착
- 품질 지표관리를 통한 품질개선

5. TS 16949 인증 사후 관리 표준체계 완성
- 사내 표준 제/개정 추진 관리

○ 연간 목표 달성을 위한 세부실천 방안 사례

제조부 09년 경영지표 달성 세부실천 방안

항목	세 부 달 성 방 안	담당자	일정
목표 달성율 향상	1. 세팅 리드타임 조사 -불필요한 동작 분석 리드타임 단축방안 마련 　(척,가이드 사전준비,롤링 세트 대기,도면 준비 등등) 2. 작업자 이상상태 사전 인지작업 -출결,조퇴 이상유무 사전파악..가급적인 인원유실 방지유도 -사전에 통보 없이 유실 생길 경우 패널티 부여 3. 비가동 유형 분석 -유형별 대처 방안수립 (불가항력적인 사항 배제) 4. 작업자 행동분석 -측정시간, 이동시간,바이트교환시간,세팅 시간 등등 전반적인 　행동분석 5. 설비별 유실율 조사 후 문제점 파악 및 대처방안 모색 -고질적인 알람,트러블,치수가 안나오는 등등 6. 생산성 향상방안 모색 -현재의 가공상태에 만족하지 말고 좀 더 와일드한 생산추진 -적극적인 가공방법모색(타업체 방문,공구업체방문 등등,..)		

품질관리부 09년 경영지표 달성 세부실천 방안

항 목	세 부 달 성 방 안	담당자	일정
Claim율 감소 (1,275PPM ~50PPM)	1. 주/월간 실적 DATA비교 분석 후 대책 수립 및 　철저한 사후관리 2. 월1회 이상 업체 방문 C/S 활동 실시 　=> 납품 품질 현황 파악 및 대응방안 수립 3. 고객 품질문제의 고질적인 사항 개선 방안 수립하여 　재 발생 방지를 의한 철저한 사후 관리 　=> 관리항목 LIST하여 실행 여부 확인 함		
품질 실패비용 감소 (1,011만원 ~300만원)	1. 공정능력 평가실시 -. 일일/주간 회의 시 품질 ISSU사항 선정하여 　공정능력 평가하여 예방조치 실시 　조치사항 – 1) 작업 표준류 관리항목 재설정 　　　　　　　 2) 검출 및 예방 장치 검토 2. 무 검사 ITEM 선정 (ISSU 사항 ITEM 선정 - 내부,고객) -. ITEM 별 유/무 LIST 선정하여 검사 실시. 3. 작업 표준 전면적인 재, 개정 -. 현 실정에 맞는 필요한 LIST 선정하여 재,개정 실시		

세부실천 방안은 샘플로 1페이지씩만 소개했는데, 지금까지의 내용을 읽어보면, 목표를 수립하는 방법과 사례를 통해서 제조기업의 목표수립에 대한 방법을 이해하는 데 큰 문제는 없으리라 생각한다.

해결방안 2 : 목표관리 업무 Process

어떤 목표를 관리할 것인가를 위한 지표 항목을 정하고, 지표에 대한 목표를 선정하기 위해서 현 수준을 파악하고, 달성해야 할 목표를 정하는 일련의 과정이 그리 쉬운 것은 아니다.

하지만 더 어려운 것은 선정된 목표를 어떻게 잘 관리하느냐가 더욱 중요하다.

어떤 회사는 목표는 있으나, 내가 고민해서 만든 목표가 아니기 때문에, 목표가 체계적으로 잘 관리되고 있지 않아서, 회사 내에서 업무를 하는 내용을 살펴보면, 정말 가관인 경우가 많다. 해당 팀장이 그 부서의 목표관리의 최종 책임자임에도 불구하고, 본인은 목표와 전혀 상관없는 일로 하루를 보낸다. 그리고 본인은 바쁘게 하루를 보냈다고 착각을 한다. 부하사원이 목표달성을 위해서, 부서의 부가가치를 위해서 무슨 일을 했는지 제대로 파악하지도 못하고, 매일매일 본인이 관심이 있는 분야에만 열중을 하는 팀장은 결국 부하사원으로부터 따돌림을 받기 시작하면서, 관리자의 역할을 떠나서 그 부서의 가장 큰 걸림돌로 역작용을 하고 결국 부서의 팀워크와 조직력은 기대할 수 없게 되고, 팀은 와해되고 만다.

대부분 중소기업에서 이런 현상이 많이 발생하고 있고, 중견기업은 대기업의 관리방식을 많이 도입하고 노력을 하고 있으나, 업무의 질적인 측면에서 보면 흉내만 내고 있고, 문제의 본질은 중소기업과 다를 바가 없는 중견기업이 많다. 그래도 본인들은 일을 잘하고 있다고 착각하고 개선의 노력이 보이지 않는 관리자가 걱정스러운 심정이다.

몇 달 전 조선일보에 웅진의 윤석금 회장에 대한 기사를 본 적이 있는데, 윤 회장은 매주 월요일 오후 4시에 웅진그룹 인재개발실에 계열사 임원들을 대상으로 교육을 한다는 기사 내용인데 윤회장이 이런 말을 했던 것이 잊히지 않는다.

"임원이 무식하면 아랫사람의 아이디어를 죽인다." 는 문구다. 별생각 없이 이 문구를 보면 정말 무식한 말 같기도 하지만, 회사의 관리자인 우리 입장에서 곰곰이 생각해 보면 매우 의미 있는 메시지라고 생각한다. 정말 내 자신은 유능한 관리자가 되기 위해서 노력하고 있는 것인가 반성하게 하는 문구라고 생각한다. 직원에게 가치를 전달해 주는 임원, 부하사원에게 배울 점이 많은 상사가 되기 위해서 노력을 해야 하는 것이 아닌가? 이것이 임원으로서, 고급 관리자로서의 역할과 임무라고 생각한다.

이런 차원에서 회사에 필요한 목표를 합리적으로 선정하고, 목표 달성을 위해서 팀워크와 조화를 이루어 가던서 긍정적인 커뮤니케이션을 이끌어 내는 바람직한 모습의 관리자가 되기를 바라는 마음이다.

다음 내용은 수립된 목표를 어떻게 관리해서 달성해 갈 것인가에 대한 내용으로서 우선 목표관리를 위한 업무 Process에 관한 내용이다.

○ 목표관리 업무 Process

1. 목표관리의 목적
- 제조활동과 관련된 제반관리 즉 생산성향상, 품질개선, 납기단
  축, 설비효율향상 등 효율적인 생산을 통한 제조경쟁력 향상을
  위하여 제조 관련 관리자가 회사에서 수행해야 하는 가장 중요
  한 생산관리 활동이 목표관리임.

2. 목표관리 활동의 효과
- 제조활동의 수행결과에 대한 명확한 평가(등대의 효과)가 가능하
  기 때문에 잘하고 못하는 공정, 사람에 대한 평가가 가능함.
- 목표달성 여부, 정도에 따른 선의의 경쟁제도 운영으로 활기찬
  공장 분위기 조성.
- 목표관리를 위하여 반드시 관리되어야 하는 생산에 관한 제반
  Data수립, 통계관리가 선행되어야 하므로 생산의 문제를 Data로
  정확하게 표현할 수 있음.
- 제조활동의 명확한 목표는 "안돈관리_눈으로 보는 관리"수단으
  로서 Top에서 사원까지 공통된 Communication역할을 함.

3. 목표선정 기준 Rule
- 제조관련 부서별 제조활동에 적합한 목표항목을 선정해야 함.
- 목표수준은 쉽게 달성할 수 있는 것이 아니라, 힘든 노력을 통
  해야만 겨우 달성가능한 지표로 선정해야 함.
- 목표에 대한 항목과 달성해야 할 지표 결정은 전원이 이해하고,
  달성해야 하는 이유를 분명히 할 수 있어야 함.

(상사의 일반적인 지시에 의한 목표선정 또는 자율적으로 선정된 낮은 목표는 의미가 없음)

- 힘든 목표를 달성할 경우 이에 따른 Incentive제도를 동시에 운영하면 더욱 큰 시너지효과를 발휘할 수 있음.

- 목표달성여부를 매달 평가하여 달성여부를 지속적으로 추적 관리해야 함.

- 부서별 목표달성여부를 확인, 관리하기 위해서는 매일, 매주, 매월 목표대비 실적달성여부를 점검하고 문제점 개선활동을 실시한 후 개선내용에 대한 효과파악을 하고 개선결과가 검증되었을 경우 반드시 그 결과를 표준화해야 함.

7. 목표관리 업무 Process

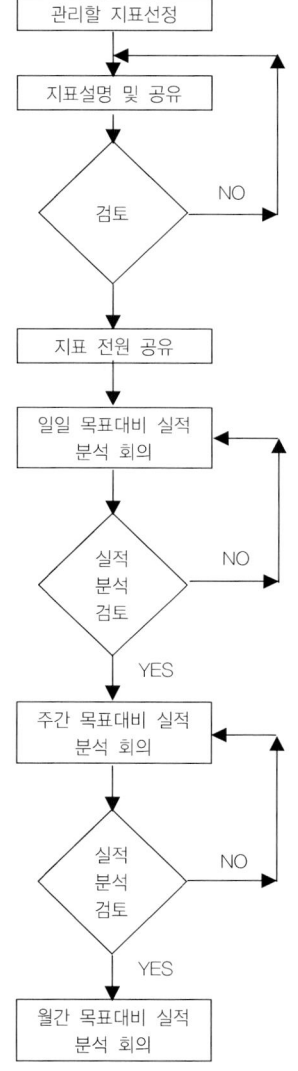

```
관리할 지표선정
      │
      ▼
지표설명 및 공유 ◄──────────┐
      │                    │
      ▼                    │
     ◇ ── NO ─────────────►│
    검토
      │
      ▼
지표 전원 공유
      │
      ▼
일일 목표대비 실적 ◄──────┐
   분석 회의               │
      │                   │
      ▼                   │
     ◇ ── NO ────────────►│
    실적
    분석
    검토
      │
     YES
      │
      ▼
주간 목표대비 실적 ◄──────┐
   분석 회의               │
      │                   │
      ▼                   │
     ◇ ── NO ────────────►│
    실적
    분석
    검토
      │
     YES
      │
      ▼
월간 목표대비 실적
   분석 회의
```

-. 일일 단위의 관리지표에 대한 차질 및 문제 발생시 근본원인 분석에 따른 대책 수립조치 후 차일 개선결과 확인 필요
-. 일일 실적분석 양식별도

일일 실적분석 회의참석대상:
회의주관: 생산책임자
참석자: 생산현장, 조반장, 관리자, 품질 및 설비관리자 등 제조관련자

-. 주간 단위의 관리지표에 대한 차질 및 문제 발생시 근본원인 분석에 따른 대책 수립조치 후 차일 개선결과 확인 필요
-. 주간 실적분석 양식별도

목표관리 업무 Process를 보면 일일, 주간, 월간 목표에 대한 실적 분석 및 대책활동을 위해서 회의체를 운영하는 내용인데, 이는 이미 커뮤니케이션 활성화 방안의 내용으로서 분석회의에 대한 방법과 사례를 이미 설명했다.

이 시점에서 의사소통을 위한 커뮤니케이션과 목표와의 관계에 대해서 한번 생각해 보자.

회사생활을 하면서 커뮤니케이션이 잘된다는 의미는 무엇일까? 동료끼리 자주 어울리는 저녁시간과 술 마시는 것 역시 중요한 커뮤니케이션의 하나가 될 수 있다. 하지만 회사에 명확한 목표의식과 목표관리를 하지 않는 회사에서 나타나는 공통적인 문제를 살펴보자.

일을 마치고 술 마시러 나가도 마음에 맞는 직원끼리만 모이고, 술자리의 대화내용을 들어 보면 긍정적이고 건설적인 대화보다는 다른 직원 흉보는 이야기, 특히 상사 욕하는 대화가 대부분이다. 결국 술자리가 끝나는 마지막 내용은 역시 회사가 문제고, 나 아닌 다른 직원이 문제고, 특히 상사는 더 문제이고 그래서 이 회사는 안 된다는 결론을 내고 집으로 돌아가는 경우가 99%로서 불만은 더욱 늘어가는 경우가 대부분이다. 그리고 다음 날 밥값과 술값은 단합 회식했다고 회사 경비처리를 한다. 물론 이런 경우도 좋게 보면 스트레스를 푸는 데 도움이 되기 때문에 100% 나쁜 것은 아니지만, 참으로 생산성 낮은 행위라고 생각한다. 왜 이런 현상이 발생하는 것일까? 어떻게 하면 술을 마셔도 기분 좋게 마시고, 대화의 내용과 각자의 고민이 어떻게 하면 불량을 줄이고 효율을 올릴 것이냐에 대한 대화가 자연스럽게 형성이 되고, 상대방의 불만보다는 상대방의 장점을 칭찬하고, 나를 반성하면서 도움이 되는 생산성 있는 술자리를 만들 것인가?

내 개인적인 생각은 업무적인 커뮤니케이션이 안 되면, 개인적인 커뮤니케이션은 기대할 수 없다고 생각한다. 직장생활을 하면서 가장 어리석은 사람은 업무 때문에 개인적인 인간관계가 나빠지는 사람들이라고 생각한다. 실제로 이런 현상이 있는 회사가 생각보다 많다. 부서장이 부서 간 업무로 인해서 이견이 생기면, 이 이견을 업무시간에 해결하지 못한다고 술자리에서 해결되는 경우는 극히 적다.

결론적으로 회사의 목표가 명확하고 목표를 달성하기 위해서 노력해 가는 회사에서는 사실 커뮤니케이션을 위해서 특별히 노력하지 않아도 부서 간, 개인 간 긍정적인 의사소통이 잘되는 경우를 많이 보고 있다. 목표를 잘 수립하고 관리를 한다는 의미는 단순히 경영지표를 달성해서 이익률을 향상하는 정량적인 개선 이외에 회사의 긍정적인 의사소통을 원활하게 만들고 신나게 일하는 회사를 만드는 지름길임을 인식할 필요가 있다.

회사의 목표를 선정하고 달성방안을 만들고, 목표를 관리하는 주체가 누구냐가 매우 중요한데 관리자별 역할 분담에 대해서 이야기하자면, 경영자와 임원은 목표항목을 정하고, 달성해야 할 목표 가이드라인을 정하며, 왜 그렇게 선정했는지에 대한 배경을 만들고, 부서별 관리자는 그 배경을 이해하고, 지표에 대한 구체적인 목표를 정하고, 달성전략, 방안을 수립하며 부서원, 현장 조·반장들을 대상으로 상세한 설명을 실시한다. 이런 방법에 의한 목표수립이 제대로 된 목표선정 Process이다. 이렇게 만들어진 목표라야만 현장의 작업자, 조·반장과 관리자들이 목표를 나의 것으로 인식하고 책임의식을 가지고 자주적으로 챙기게 됨으로써 조직의 활성화가 이루어지는 것이다. 목표관리가 회사 내 커뮤니케이션의 전부는 아니지만 매우 중요한 필요조건임을 강조하고 싶다.

해결방안 3 : 현장의 목표관리

지금까지의 목표관리는 사무실 관리자의 목표관리에 대한 방법에 대해서 이야기했다면 지금부터는 제조현장에 대한 목표관리를 어떻게 할 것인가에 대한 이야기를 하고자 한다.

많은 제조기업이 현장관리자인 조장, 반장 또는 직장에 대한 목표관리를 안 하고 있거나, 왜 해야 하는지 모르고 있거나, 어떻게 해야 할지 몰라서 못하고 있다.

앞에서 간단히 언급은 했지만, 튼튼한 제조기업이 되기 위해서는 2개의 바퀴가 동시에 굴러가야 한다. 임원을 비롯한 팀, 부, 과장들의 관리를 잘하는 바퀴와 제조현장에서 조·반장들이 현장 관리자로서 본인의 목표를 달성하기 위해서 열심히 낭비를 발굴하고, 문제를 개선해 나가는 바퀴이다. 이 2개의 바퀴가 동시에 같은 속도로 역할에 맞는 기능을 가지고 굴러가야만 높은 효율을 발휘하면서 기업의 생산성이 보장되는 것이다.

제조 경쟁력이 우수한 기업은 2개의 바퀴가 역할을 잘 수행하고 있지만, 대부분의 회사는 관리자의 역할은 그런대로 수행되는데, 현장 관리자의 역할이 기능을 발휘하지 못하고 있는 것을 많이 볼 수 있다. 현장 혁신활동을 오랫동안 잘하고 있다는 회사를 방문해서 현장 분임조의 활동내용을 보면, 대부분 5S 활동과 단순한 낭비 개선활동을 하면서 매우 잘하고 있다고 자랑을 한다. 물론 그런 활동도 제대로 못 하는 회사가 대부분임을 감안하면 잘하고는 있으나, 목표관리라는 관점에서 좀 더 내용을 분석해 보면 미흡한 것이 사실이다. 분임조 개선활동 사례에 대해서 열심히 설명한 반장에게 자기가 속한 부서의 제조 관련 지표는 무엇인지, 목표는 얼마이고, 실적은 어떤지 질문을 하면 멍해하는 반장이 대부분이다. 이 의미는 현장은 계획수량만 생산하면 되고, 그 외에는 청소하는 개선이 현장관리라고 생각하고 있기 때문이다. 정말로 이렇게만 하면 잘하는 것일까?

전문가의 시각에서 보면 혈액순환 불량으로 인해서 손, 발이 시린 경우와 마찬가지 현상이다. 머리끝부터 발끝까지 원활한 혈액순환이 필요하듯이 목표관리는 경영자부터 현장 작업자까지 녹아 있어야 한다. 따라서 제대로 하는 현장개선 활동을 하려면, 조·반장에게도 회사의 지표가 관리되면서 개선하는 현장이 되도록 만들어야 한다.

이것이 살아 있는 현장을 만드는 것이라고 생각한다. 많은 제조현장을 방문해 보면 죽어 있는 현장이 많은데 이런 분위기에서 효율을 기대할 수는 없다. 현장에 손님이 방문했을 때 일에 집중하지 못하고, 손님을 쳐다보는 작업자, 설비마다 며칠 동안 청소 안 했는지 먼지가 쌓여 있는 설비, 생산에 사용되는 자재가 현장바닥에 방치되고 있고, 생산과정에 있는 재공품이 매우 많이 산적해 있으며, 재공품의 물류가 어떻게 진행되는지 전혀 알 수 없는 혼잡한 생산라인, 죽지 못해 살고 있다고 얼굴에 쓰여 있는 작업자의 얼굴…… 이러한 현장을 죽어 있는 현장이라고 생각한다.

반면에 살아 있는 현장은 외부에서 손님이 와도 쳐다보는 일 없이 자기 일에 집중을 하고 현장의 잘 보이는 곳에 공정별 목표와 매일매일 실적을 관리하는 현황판이 보인다.

현황판을 보면 전체 실적이 어떤지, 어느 공정이 잘하고 못 하는지 알 수 있으며 현장개선을 위해서 개선한 내용을 모두 파악할 수 있다. 설비는 반짝반짝 빛이 나지는 않지만 먼지가 수북 쌓이지 않아 관리되고 있는 것을 알 수 있으며, 현장 곳곳에 부착된 점검표를 보면 철저하게 기록, 점검관리를 하고 있고, 작업표준이 작업자 주위에 잘 보이게 부착이 되어 있다. 조장, 반장들이 현장에서 일을 하는 형태를 보면 단순작업을 하는 것이 아닌 뭔가를 개선하고 고민하는 현장…… 이런 현장을 살아 움직이고 있는 현장이라고 이야기할 수 있다. 어떻게 하면 이런 현장을 만들 수 있을까? 한번 같이 이야기해 보자.

○ 현장 자주 개선 분임조 활성화

남들이 한다고 하니까 형식적인 모양을 갖추고, 활동하는 현장의 분임활동은 현황판을 보면 바로 알 수 있다. 제조현장의 분임조 활동이 정착이 되어야 개선의 실마리가 풀리는 것인데, 활발한 자주 개선 분임활동을 위해서는 몇 가지 조건이 필요하다.

첫째는 효율적으로 추진하고, 알고 일하기 위한 계속적인 교육훈련이 필요하다. 어떻게 어떤 방법으로 개선하고, 제안하는지 제대로 교육 한 번 하지 않고 현장이 알아서 잘하라고 하고, 잘 진행이 안 되면 왜 못 하냐고 질책을 하기 이전에 그들에게 잘할 수 있는 방법을 잘 교육시키는 것이 중요하다.

둘째는 열심히 잘하는 사람과 안 하는 사람과의 차별대우 정책인 Incentive제도를 도입해야 한다. 잘해도 못 해도 별반 차이가 없거나, 잘하기 위해 개선하는 과정에 작은 실패를 두려워하지 않도록 하는 제도도입이 없으면, 현장사원들이 열성을 가지고 개선해야 하는 동기는 없다고 생각한다.

셋째는 개선의 목표를 명확히 해서 목표 달성률을 관리하고, 단순한 현장 개선뿐만 아니라 회사의 지표를 포함해서 종합적인 목표를 주어야 한다.

그래서 잘하는 회사의 현장 분임조 활동은 크게 2가지로 구분하는데, 성과지표와 활동지표로 나누어 종합적인 실적을 기준으로 평가를 한다.

앞에서 간단히 설명을 했지만, 이번에는 현장의 목표관리 활동 내용을 자세히 사례를 통해서 확인해 보자.

○ 매월 현장 자주 개선 분임활동 평가결과 순위

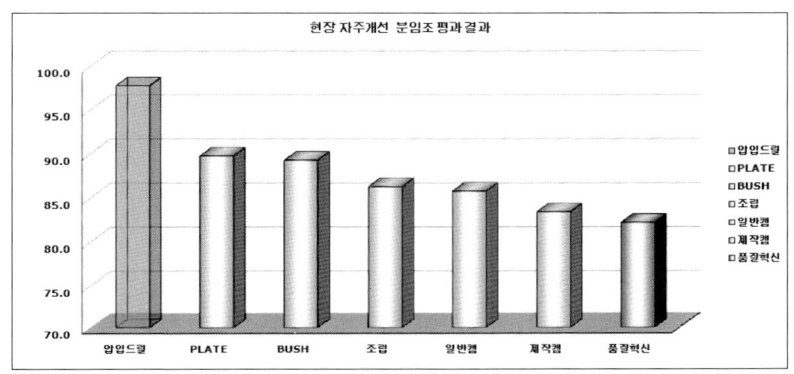

공정별 분임조의 월 활동결과를 종합 집계하여 순위를 정하고, 1 등 분임조에게는 회사별 규정에 의한 최우수분임조, 우수분임조별 시상제도를 운영한다.

○ 자주 개선 분임조 평가지표 양식

성과지표는 회사의 경영지표가 해당되는 공정에 포함시켜 전 사원이 공통된 목표를 공유하기 위해서 관리하는 현장 목표관리이며, 특히 성과지표 안에 품질 Claim 건수를 관리하게 함으로써 현장사원들로 하여금 품질의 중요성을 생활화하도록 유도를 했다. 만약 품질 Claim이 고객에서 발생되었을 경우, 발생원인 공정에 페널티를 부여하는 개념이다.

활동지표는 현장의 개선활동 내용을 3가지로 구분하여 개선토록 하였다. 제조현장 7대 낭비 개선, 5S 개선 등, 즉 실천 가능한 불합리 발굴 활동이고, 품질문제, 생산성 향상, 설비문제 등등 제조현장에서 발생할 수 있는 문제에 대해서 현장 관리자인 조장, 반장 또는 숙련자들의 고유경험, 기술, 노하우 등을 한 페이지에 요약 정리하여 작업자를 교육하고, 개선결과를 표준에 등록, 관리하는 OPL 활동이 있고, 현장의 품질관리 상태를 Audit하여 점수를 산출한다. 이 사례의 현장의 목표관리인 자주 개선 활동의 방법이 최선의 방법이라고 할 수는 없고, 제조기업의 특성과 업종에 따라 관리항목을 달리하겠지만 중요한 것은 현장의 분임활동이 불합리만을 발굴하는 수준이 아니라, 좀 더 종합적이며 체계적인 관리방법이라는 점이다.

2009년 BUSH TF 분임조 혁신활동 평가 지표 근거

구분	항목	목표	가중치	6월		7월		8월		9월		10월		11월		12월	
				실적	점수	실적	점수	실적 점수	점수	실적	점수	실적	점수	실적	점수	실적	점수
성과지표	BUSH황삭 불량율	200 PPM	10	165	10	2,481	0.8	1,138	1.8								
	BUSH정삭 불량율	4400 PPM	10	3,378	10	4,199	10.0	1,593	10.0								
	BUSH황삭 효율	90%	10	82	9.1	85	9.4	91	10.0								
	BUSH정삭 효율	90%	10	78	8.7	75	8.3	91	10.0								
	품질 claim건수	1건	10	0	10	0	10.0	0	10.0								
활동지표	불합리 발굴건수 및 개선율	20건 80%	10	37 95	10 10	20 100	10.0 10.0	20 90	10.0 10.0								
	OPL 작성건수	5건	10	5	10	5	10.0	5	10.0								
	품질 Audit 점수	80점	20	52	13	61	15.3	70	17.5								
총점					91		83.8		89.3								

다음은 품질 Audit 평가 방법에 대해 소개해 보기로 하자.

○ 품질 Audit 평가결과 순위

품질 Audit는 사내 품질부서 인원이 현장의 공정별(분임조별) 품
질관리 상태를 점검하는 방법으로 생산과정에 품질보증을 위한 방
법이자, 현장인력의 품질의식을 고취시키는 관리 Tool이기도 하다.

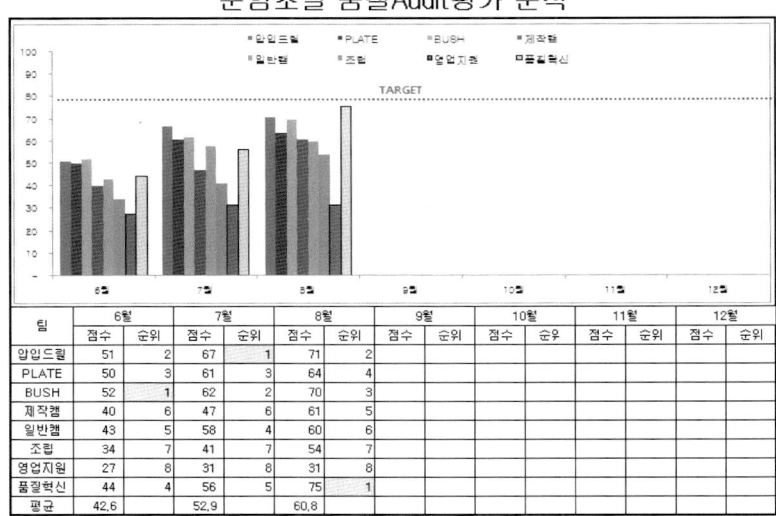

분임조별 품질Audit평가 분석

팀	6월		7월		8월		9월		10월		11월		12월	
	점수	순위	점수	순위	점수	순위	점수	순위	점수	순우	점수	순위	점수	순위
압입드릴	51	2	67	1	71	2								
PLATE	50	3	61	3	64	4								
BUSH	52	1	62	2	70	3								
제작챔	40	6	47	6	61	5								
일반챔	43	5	58	4	60	6								
조립	34	7	41	7	54	7								
영업지원	27	8	31	8	31	8								
품질혁신	44	4	56	5	75	1								
평균	42.6		52.9		60.8									

○ 품질 Audit 평가표

품질 Audit 평가표						결재	작성		검토		승인	
평가자:			평가일:									
부서	NO	평가항목	해당	배점	공정1	공정2	공정3	공정4	공정5	공정6	품질관리	창고관리
공정품질	1	작업표준서가 현장에 있으며, 작업자는 표준대로 작업을 하고 있는가?	생산	10	6	4	4	2	2	2		
	2	생산중인 제품의 품질을 자주 검사할 수 있는 기준이 있고(한도견본), 작업자가 자주 검사를 하는가?	생산	10	5	7	5	5	5	5		
	3	각 공정별 품질에 영향을 미치는 작업방법, 노하우에 대한 정기적인 교육(OPL)을 실시하고 있는가?	생산	10	7	9	9	9	9	9		
	4	문제점 발생시 개선 대책을 수립하고 있는가? -생산 실적 미달/공정불량에 대한 대책 수립 여부	생산	10	9	9	9	1	1	1		
공정관리	5	설비 일일 점검은 실시하는가?	생산	10	10	10	4	10	10	8		
	6	설비 문제점에 대한 이력 관리는 하고 있는가?	생산	10	5	5	5	5	5	5		
	7	공정 내 표준 제공수량 관리를 하고 있는가?	생산	5	0	0	0	0	0	0		
	8	가동 중인 설비의 품질보증을 위한 눈으로 보는 관리를 하고 있는가?	생산	5	4	4	4	4	4	3		
3정5S	9	현장 내 불필요한 부품, 공구는 있는가?	공용	10	9	9	9	9	9	9	9	5
	10	표시구역내 정품/정량/정위치 관리가 되고 있는가?	공용	10	7	6	6	7	6	4	7	2
	11	설비(My M/C) 청소 및 주변(My Area)상태는 양호한가?	공용	10	9	7	9	9	9	8	9	9
소계				100	71	70	64	61	60	54	25	16
창고재고관리	1	완제품 구역 제품이 선입 선출이 되고 있는가?	영업지원	20								0
	2	안전재고에 대한 수량 관리 여부		15								0
	3	창고내 눈으로 보는 관리 상태?		15								5
	4	장부재고와 실보유재고와의 차이수량 관리 상태?		20								10
소계				70								15
품질관리	1	고객 Claim발생 건에 대한 재발방지를 위한 5why 원인분석을 실시하여 대책이 수립되어 있는가?	품질관리	20							15	
	2	고객Claim 재발방지 대책을 잘 Follow up하고 있는가?		30							25	
	3	표준화 관리에 대한 체계를 수립, 관리하고 있는가? (정기적인 표준 제,개정 관리)		20							10	
소계				70							50	
합계					71	70	64	61	60	54	75	31

품질 Audit의 범위는 제조물류의 시작인 원자재창고부터 완제품 창고까지 전 공정이 포함되며, 각 공정별 담당부서의 현장 관리자가 품질 Audit 결과에 대한 개선책임을 맡는다.

이렇게 평가한 결과가 매월 현장 목표관리 항목 중에서 활동지표 내의 품질 Audit 평가란에서 평가를 받게 된다.

여기서 품질 Audit의 점수만 산출되는 것이 아니고, Audit하면서 발굴된 지적사항을 해당 분임조장에게 통보하여 개선하도록 요구하고, 그 결과는 다음 달 다시 품질 Audit 시 평가를 받게 된다.

○ 품질 Audit 결과 부적합 사항 List

	TF	부적합 내용	개선 내용	완료 일
생산1팀	압입 드릴	- OPL 교육 후 사인 누락(반드시 사인 받을 것) - 자주 쓰지 않은 공구(척) 보관구역에 표지판 부착하여 누구나 쉽게 알 수 있게 관리 필요		
	PLATE	- OPL 교육 후 사인 누락(반드시 사인 받을 것) - 설비 주변 재공품에 대한 구획선 관리 미흡 - 설비 일상점검을 8월17일까지만 하고 현재까지 관리안함		
	BUSH	- CNC 설비 구역은 구획선 설정하여 관리하나 범용선반 구역 에는 관리 안함 - 메가 선반설비 사용 후 청소가 안 되어 있음.		
	공통	- 오염예방 관리 공정인 압입공정의 천장 먼지작업 완료 - 작업표준 관리가 안되고 있음(지난달 지적사항) - 자주검사 표준이 없음.(지난달 지적사항) - 표준재공수량 관리가 안됨.(지난달 지적사항) - 불합리 발굴 및 개선을 목표치인 20개만 작성하고 있음(점수 에 연연하지 말고 일하기 좋은 개선을 위한 활동 이였음함.)		
생산2팀	제작캠	- 재공품에 대한 구획선이 없음 - 작업자가 제품이송 및 설비에 탈,부착을 편하게 할 수 있는 공간 확보하여 구획선 선정해야 됨.		
	일반캠	- 재공품에 대한 구획선은 설정했으나 대차가 혼재되어 있음 - 이는 표준재공수량 관리가 안되 과잉재공품이 발생된 만큼 이에 대한 관리 필요.		

	조립	- 실제 조립 대기품과 결품에 의한 대기품에 대한 관리가 안되
		  고 있음
		- 대기품별 구획설정 및 인식표 부착하여 누구나 쉽게 볼수 있
		  게 관리 필요.
		- 라인스톱 지속적 관리 및 대책수립 필요.		

	공통	- 청소상태는 상당히 양호.
		- 재고 창고 내 자동화 제품의 스피링 재고가 바닥에 적재 되
		  어있으며 자동화재고 다이가 3개로써 현장내 방치되고 있음.
		- 자동화제품이 영업지원에 이관된 만큼 재고이관을 빨리 해야
		  하며 그에 따른 공간을 활용 할 수 있음.
		- 일일실적분석회의가 지속적이지 못하고 Data만 관리하고 있
		  음(지난달 지적사항)
		- 현장 내 작업표준 및 한도견본이 없음(지난달 지적사항)
		- 표준재공수량 관리가 안됨.(지난달 지적사항)
		- 현장에 대한 전반적인 환경개선은 좋아졌으나 품질향상 및
		  공정개선을 위한 활동은 미흡함.		

영업
지원
		- 완제품 창고 내 정리/정돈 불량(관리 안하고 있음)
		  단, 청소상태는 전월대비 양호한 수준임.
		- 제품수량관리미흡
		  (만약 고객이 제다의 완제품 창고관리 상태를 알면 문제되는
		  수준)		

품질
혁신
		- Claim 발생 및 불량에 대해 재발방지를 위한 품질향상 TF
		  운영 실시
		- 전반적인 표준관리 활동이 미흡
		  →표준작업을 해야하는 대상 자체를 이해 못하고 있음
		- Gr 빠짐 불량 대기품에 대한 표지판관리가 안되어 있음
		  → 무슨 제품인지 꺼내서 물어봐야 함.		

자체적으로 품질 Audit 활동이 중요시되고, 정착이 되기 위해서는 품질 및 생산 담당자의 업무 역량이 중요하지만, 더욱 중요한 것은 품질 Audit에 대한 개선활동이 꾸준하게 진행될 수 있도록 지도하고 지원하는 고급 관리자의 역할이 더욱 중요하다.

지금까지 Chapter 2의 목표관리의 부재에 대한 내용이었는데, 목표관리를 하지 않는 회사의 공통적인 문제현상과 원인 그리고 해결방법에 대해서 사례 위주로 설명을 했는데 이론적으로 알아도 쉽게 적용하기 쉬운 것은 아니다. 회사의 기본체질과 직원의 능력에 따라서 차이가 크겠지만, 목표관리 정착을 위해서 가장 중요한 것은 경영자의 Mind와 변화가 아닌가 생각한다. 참으로 어렵고, 고통스러운 과정이 될 것이지만 반드시 극복하고 해야 할 관리가 바로 목표관리임을 잘 이해했으면 하는 바람이다.

03. 주먹구구식 관리

주먹구구라는 단어는 귀에 익숙하면서도 주먹구구의 정의를 내리라고 하면 머릿속에는 개념이 있는데 설명하기가 조금 어렵다. 이와 마찬가지로 시스템이라는 말을 많이 하면서 시스템의 개념을 설명하라고 하면 역시 정확한 설명이 곤란하다.

이미 우리에게 시스템이라는 용어는 TV광고에서, 신문 잡지에서 자주 접할 수 있는데 시스템(System)은 무슨 뜻일까? 강의를 하거나 회사 지도를 할 때 "'시스템'이 무슨 의미입니까?"라는 질문을 가끔 받는데, 나는 바로 대답을 해 준다. "시스템의 반대말이 주먹구구입니다."라고. 그러면 사람들 모두 금방 이해를 한다. 주먹구구식 관리란 관리를 시스템적으로 못 한다는 이야기인데 시스템이라는 의미를 좀 더 구체적으로 이해해 보기로 하자. 그래야 주먹구구의 문제점이 자연스럽게 느껴질 것 같다.

경영학에서 회사 경영관리의 4대 요소는 인사(Personal Management), 재무(Financial Management), 영업(Sales Management), 생산(Production Management)관리로 구분한다. 이 4대 관리의 기능과 역할이 달라서 각자의 분야에서 업무를 하지만 회사 전체의 매출액 증대와 이익률 향상의 전체 목표를 위해서 노력을 하는 것이 경영활동인데, 주먹구구식 경영이라 함은 회사 전체의 공통된 목표보다는 내 부서의 편안함, 부서 이기주의로 인해서 타 부서와 회사 전체에 손해가 발생되고, 개인적 부서 이기주의로 인한 회사차원의 손실이 발생한다면 그 회사는 시스템적인 관리의 부재로 주먹구구식 관리를 한다고 이야기할 수 있다. 경영시스템이란 MES, ERP 시스템의 의미가 아님을 이해하고 시작해 보자.

예를 들어 보면 생산에 생산성을 올리기 위해 꼭 필요한 투자를 신청할 경우, 재무부서에서 예산절감을 위한다는 이유로 합의를 하지 않아 개선을 못 하여 더 큰 기회손실이 발생되고, 인원 최소화 방침이라는 이유로 생산에 꼭 필요한 인원충원을 해 주지 않고, 영업은 수주량 목표를 위해서 무계획적으로 무리한 오더를 받아 생산은 일요일 없이 잔업을 하면서 영업에 대한 불만이 커지고, 영업은 생산수준이 낮아서 영업부서의 요구사항을 대응해 주지 못한다고 생산을 불신하고, 그 결과 영업은 생산을 못 믿고 예측 생산을 통해 과잉재고를 보유하고 결국 과잉재고는 악성재고로 변하여 경영에 큰 타격을 주는데 정작 본인들은 무슨 잘못을 했는지 모르고 상대부서의 결점만 열심히 지적한다.

이러한 현상이 주먹구구식 경영의 공통적인 사례인데, 이런 이야기가 80년대 이야기가 아니라 21세기를 사는 현재의 이야기라는 점이다.

지금부터 시스템적이지 못한 주먹구구식 관리로 인한 현상과 원인 그리고 해결방안에 대해서 이야기해 보자.

문제현상

1. 업무를 점검(Check)하고 예방하는 관리기능이 없어서, 문제를 사전 예방하지 못하며, 문제 발생 후에도 근본적인 대책을 수립하지 못하고 임시방편 대응에 급급한 관리자
  - 문제가 발생하면 내 책임이 아니라고 책임을 전가하거나, 안 되는 합당한 이유를 찾아서 오히려 불만을 갖는 직원들이 많은 회사

2. 영업은 생산, 생산은 영업부서를 서로 불신하고 무시하고, 불만이 가득한 관리자
  - 재고가 많은 회사는 대부분 생산과 영업부서와의 갈등의 골이 깊다.
  - 재고문제 해결이 어려운 이유는 여러 부서, 많은 담당자들의 업무가 서로 관련이 있기 때문에 혼자 잘해보겠다고 해도 소용없

고, 재고와 관련된 모든 부서의 개선 노력이 필요한데, 문제해결을 위해 모이는 것 자체가 어려운 회사 분위기

3. 부서장이 바뀌면, 기존에 해 오던 모든 업무는 무시되고, 새로운 부서장의 스타일로 모든 업무가 바뀌어 업무의 일관성이 없는 조직 문화
  - 부서의 업무 규정, 개인 간의 업무규정이 없어서 발생되는 전형적인 관리 Loss 발생

4. 품질의 산포가 크고, 생산성의 산포가 커서 고객 납기준수를 위해 과잉재고를 보유하고 대형 품질 Claim이 발생하면, 생산과 품질부서가 대책을 세우기보다는 내가 이럴 줄 알았다고 서로 짜증을 내는 관리자
  - 생산은 생산만 하고, 품질부서가 모든 품질문제를 해결해야 한다고 생각하고
  - 품질문제를 발생시킨 생산은 전혀 죄의식이 없으며, 개선대책을 세울 생각이 없음

5. 가족 같은 분위기에서 상사라는 개념보다 '형'이라고 부르는 것이 더 편한 가족형 회사에서 조직적이고 체계적인 관리형으로 변화를 하는 과정에 있는 회사에서 많이 발생하는 공통적인 현상
  - 옛날에는 실적에 대한 스트레스가 없었고, 생산해서 수량만 맞추는 것이 내 역할의 전부였는데, 변화를 요구받고 변화를 위한 학습과 노력이 너무 어렵고 싫은 관리자가 퇴사하자니 살길이

걱정이고, 근무하자니 머리를 쓰고, 개선하는 것은 싫어서 항상 얼굴에 불만이 가득한 관리자가 많은 회사

원 인

기술적인 장점을 가지고, 국내 또는 국제특허를 받아서 특허기술을 상품화하기 위해 2000년 초에 많은 벤처기업이 탄생하는 붐이 생겼고, 약 5년이 지난 후 꿈과 희망을 가지고 설립한 벤처기업이 파산하거나, 중견기업 혹은 대기업에 M&A 되는 과정을 지켜보면서 그 이유는 무엇인가에 남다른 관심이 있었다. 문제는 양산화하는 기술이 부족했다는 결론이다. 물론 이 외에도 영업력의 문제도 큰 어려움이 있겠지만, 영업력의 기본은 좋은 품질과 가격경쟁력이 신생기업에게 있어서 중요한 영업무기인데, 아무리 좋은 아이디어를 가지고 탄생한 제품이라도 품질의 문제와 비싼 제품가격의 문제는 시장에서 고객으로부터 외면당할 수밖에 없는 것이 21세기의 경쟁력의 법칙임을 감안하면 당연한 결과라고 생각한다.

당시 벤처기업의 대표의 명함은 대부분이 박사이고, 그것도 국내, 해외의 유명대학의 박사출신으로서 지식으로나 학벌로나 1%대 우등생인 CEO들이 왜 사업에 실패를 했을까?

제품개발 능력 혹은 연구능력은 그 분야에서 타의 추종을 불허했던 전문가였겠지만, 결국 돈을 버는 양산기술이 없었기 때문이라고 생각한다. 여기서 이야기하는 '양산기술'의 의미는 바로 회사를 시스템적으로 관리하는 기술이 없었고, 효율적으로 생산하는 관리

기술이 없었는데, 문제는 박사 CEO들이 양산기술의 중요성을 모르고, 고유기술인 특허와 개발만이 중요하다고 생각했던 오류를 범한 것이 벤처사업의 실패 요인 중에 하나라고 생각한다.

즉 그때 대부분의 벤처기업 CEO는 양산기술인 관리기술의 중요성을 몰랐거나, 무시하며 회사를 주먹구구식으로 운영했던 것이 아닌가 생각한다.

주먹구구식 관리의 원인에 대해서 유형별로 살펴보자

1. 관리와 통제를 원인관리가 아닌 결과만을 관리하며, 문제가 발생된 후 왜 그렇게 잘못했는지 질책만 하지 어떻게 관리해야 하는지 방법을 알려 주지 못하는 경영자
  - 관리자 본인이 모르는데 어떻게 알려 줄 수 있을까? 모르면 열심히 배워야 하고 일 잘하는 인재를 중요시해야 하는데, 인재를 보는 안목이 없거나, 그릇이 작거나 기술자 Mind기준으로 경영하면서 회사 모든 문제발생의 원인이 CEO 본인임에도 본인이 무엇을 잘못하고 있지는 모르고, 밑의 관리자만 탓하는 CEO

2. 회사의 업무를 정형화된 표준과 Process를 만들어야 하는데 표준의 중요성을 모르고 공부할 생각을 하지 않는 관리자
  - 표준은 ISO를 인증받은 것으로 잘되고 있다고 오해하고 있으며
  - 고유기술만 있으면 생산은 문제없다고 생각하며, 부하사원 교육 보내기를 싫어하는 회사
  - 생산을 잘하는 기술, 생산관리의 기술을 경시하는 똑똑한 CEO

3. 생산관리의 기능이 마비되어 재공품 관리, 원자재 관리, 완제품 관리 등 통제가 안 되어 재고를 산더미처럼 보유하고 있는데 그래도 재고는 필요하다고 주장하는 관리자가 능력을 인정받는 회사

4. 대기업보다 학연과 파벌을 더 중시하는 회사 분위기
   - 능력보다 관계를 더 중요시하여, 일을 잘하고 못 하는 구분이 아니라 어디 출신인지가 더 중요한 회사

5. 능력 위주의 관리체계가 없고 평가System이 없어서 열심히 일해야 하는 이유를 찾기 힘든 회사의 無관리System
   - 능력 있는 인재(人才)가 상대적인 손해를 느끼고, 인재(人災)로 변해 간다.

6. 제조 경험이 없는 경영자가 생산을 많이 알고 있는 것으로 착각하고, 현장의 소리는 듣지 않고, 부정확한 일방적인 지시를 하는 회사
   - 나이를 떠나서 회사의 생리는 직급에 의해서 운영되기 때문에 젊은 사장의 불합리한 잘못된 지시를 잘못됐다고 직언을 하기는 참 곤란한 상황이다. 따라서 배가 산으로 가는 경우가 자주 발생된다.

　주먹구구식 관리방식으로 회사를 경영하는 형태를 보면 2가지로 구분할 수 있는데, 첫째는 대표적인 형태가 가족 같은 분위기의 소규모의 제조회사가 있고, 매출액이나 회사 규모는 큰 편인데, CEO이자 Owner가 전문 경영의 경험 없이 독불장군식으로 회사를 운영하는 경우이다.

　얼마 전에 회사규모가 그리 크지 않은 회사를 진단한 적이 있었는데, 회사 대표이사가 먼저 이해를 돕고자 했던 말이 기억난다. 우리 회사는 현장직원 대부분이 동네마을에 사는 사람들로 구성되어 있고, 체계적인 관리가 아니라 가족 같은 분위기에서 회사를 운영해 왔는데 작년에 한 번 부도가 났었고, 사실 지금도 경영상태가 좋질 않다. 그 원인은 생산을 효율적으로 하고, 체계적인 품질관리, 원가관리를 못 한 결과인 것으로 생각한다. 그래서 전문가를 모시고 이번 기회에 변화를 하고 싶다고 진심 어린 마음으로 전해 주던 이야기가 생생한데 회사를 조직적으로 체계적인 관리로 만들어 가는 것은 쉽지 않은 과제이고, 어떤 방법으로 접근해야 하는지는 회사의 특성마다 다를 수 있지만, 공통적으로 적용 가능한 내용을 이야기하고자 한다.

　내가 경험한 주먹구구식 관리 형태를 System적인 관리로 변화하기 위한 기본조건은

　첫째는 [명확한 업무분장→부서별, 개인별 목표관리→평가체계구축]이라는 경영관리 Process를 만들어 내는 일이고,

둘째는 체계적인 품질관리, 생산성 관리를 위해서 표준화 체계를 구축하는 것이라고 생각한다. 체계적인 관리System을 만들어 가는 2가지 기본적인 내용 중에 첫째 항목은 이미 설명을 충분히 했고, 이번 장에서는 표준화 관리 체계를 구축하는 방법에 대해서 상세하게 이야기하고자 한다. 그리고 주먹구구식 경영의 결과를 눈으로 쉽게 확인할 수 있는 방법이 과잉재고가 창고에 보관된 모습으로서 재고문제의 발단이 생산관리System이 없기 때문이다. 그래서 왜 생산관리 기능이 중요한 것인지 설명해 보겠다.

해결방안 1 : 생산관리System

중소기업에서 생산계획을 비교적 정확히 통제하는 유형은 2가지 유형으로 나눌 수 있다. 첫째는 똑똑한 생산관리 담당자 1명이 영업 창구역할을 하면서 품종별 수요량을 파악하면서 생산Capa를 나름대로의 노하우를 가지고 파악하여 생산계획을 수립하는 경우인데, 비록 주먹구구식이긴 하지만 나름대로 통제가 가능한 상태인데 이런 회사의 문제는 생산관리 담당자는 1년 365일 중에 휴가 없이 일해야 한다. 왜냐하면 이 담당자만이 생산계획을 서울 수 있기 때문이다. 이러한 수준이면 문제가 아닐 수 없다. 따라서 두 번째의 경우로 발전해야 하는데 이 담당자의 생산계획을 수립하는 노하우를 업무Process화해서 다른 사람도 생산계획을 수립할 수 있는 시스템을 만들어야 한다. 대부분의 회사에서 SEP R3 또는 POP 시스템이라는 전산 프로그램을 적용해도 실제 생산능력을 정확히 산출하지 않으면 수주량 대비 생산량의 편차로 인해 과잉재고가 발생되고, 시스템을 깔아 놓고 스스로 시스템을 불신하는 경우가 다반사이다.

생산계획에 대한 사례는 생산계획 수립을 위한 기본 Process를 설명해 보기로 하겠다.

○ 생산계획을 위한 기본업무 Process

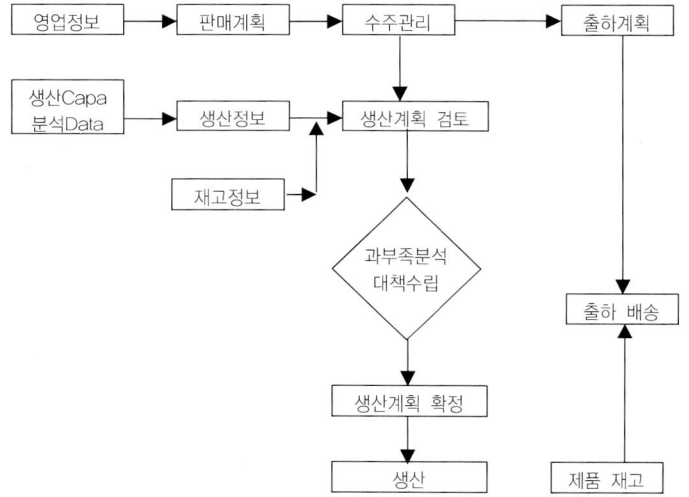

국내 대기업에서 무재고 또는 최소재고를 위한 생산계획 및 통제관리의 수준은 추가적인 개선이 필요 없는 수준으로 발전해 있지만, 중견기업 특히 중소기업의 생산관리 시스템은 아직도 매우 열악한 것이 현실이다.

왜 생산관리가 주먹구구식으로 운영되는 것일까?

회사를 지도해 가면서 경험하는 이런 문제의 원인은 제조기업의 생산을 총괄하는 관리자가 생산관리의 기능과 원리를 모르기 때문에 생산을 관리할 엄두를 내지 못하거나, 생산관리가 중요하다고 생각하지 않기 때문에 이런 문제가 발생한다. 대부분 이런 고급 관리자를 설득하는 과정에서 생산관리에 대한 관리양식과 방법만 배우면 쉽게 빨리 적용되는 것으로 오해하고 빨리 개선해 달라는 요구를 받는데, 이런 유형의 관리자들은 남의 말을 잘 듣지 않기 때문에 설득의 기술이 필요하다.

제조기업을 운영하는 경영자나 생산을 총괄하는 관리자들이 생산관리의 기본 개념을 이해하고 이를 자신의 공장에 접목시키기 위해서는 위의 생산관리 Process만이라도 정확히 이해했으면 한다. 전체 운영 Process를 이해했다면, 생산계획을 수립하는 데에는 3가지 정보가 필요함을 알 수 있는데, 1) 영업정보, 2) 생산정보, 3) 재고정보이다. 이 3가지 정보를 통합하여 주간단위, 일단위의 생산계획을 수립해야 하는데, 과거 주먹구구식으로 공장을 운영해 왔다면 이 3가지 정보가 없거나, 정확한 Data가 없다.

첫째, 창고에 재고는 많은데 출하 가능 재고가 품종별로 몇 개가 있는지 파악이 안 되고, 장부상의 재고와 실재 재고가 다르기 때문에 장부에 있는 정보를 가지고 생산계획에 반영하기가 어렵다. 따라서 기존의 재고 보유수량은 무시되고 수주량 100%를 생산함으로써 악성재고는 증가하게 된다.

둘째, 설비 효율분석이 안 되고, 설비 가동률이 몇 퍼센트인지 모르며, 작업자의 작업효율이 몇 퍼센트인지 파악이 안 되기 때문에 생산능력을 정확히 산출할 수가 없다. 따라서 생산계획을 수립하는 담당자나 영업에서는 수주량보다 여유 있는 추가 생산을 하게 된다. 이런 추가 생산이 악성재고로 남게 된다.

셋째, 주먹구구식 생산관리를 하는 회사의 공통점으로서 생산부서와 영업부서와의 관계는 항상 적대적인 관계를 형성하게 된다. 서로 불신하는 원인인데 이유는 어렵게 수주한 제품을 생산에서 납기 내에 맞추지 못하고, 납기 내 생산을 해서 출하된 후 품질 Claim를 받아서 영업력을 상실하게 되기 때문에 영업은 생산을 불신하고 그 결과로 수주량보다 더 많은 양을 영업정보로 생산계획에 통보한다. 이를 근거로 생산부서에서는 잔업을 해 가며 열심히 생산을 했는데, 출하는 안 되고 제품이 창고로 향할 때 생산은 영업을 믿지 못한다고 한다. 이런 현상이 존재하는 회사는 하루빨리 생산계획을 정확히 수립할 수 있는 기본 3가지 Data를 분석하고 파악하는 업무에 집중해야 한다. 생산관리가 안 되는 회사가 3가지 기본 정보를 비교적 정확하게 얻기 위해서는 최소한 1년의 시간이 소요된다. 이렇게 3가지 정보관리가 되면, 위의 업무 Process는 물이 흐르듯 집행해 갈 수 있게 된다.

다음의 사례는 생산관리 문제로 인해서 과잉재고가 연 매출액 대비 40%가 넘는 회사에서 과잉재고가 발생하는 문제원인을 분석한 사례인데 다른 회사에서도 동일하게 발생하는 현상이므로 한번 보기로 하자.

○ 과잉재고가 발생하는 원인 분석 사례

과잉재고 발생원인List

- 영업/생산 간의 정보(시장 및 생산현장 현황)교환이 전혀 없다.
- 재고 발생 귀책부서(인원)에 대해 누구 하나 책임도 없고 관심도 없다.
- 잦은 설계 변경
- 부품, 자재의 공용화가 안 되다보니 품종이 많다.
- 생산 및 관리품목이 너무나 많다(제품/상품).
- 생산의 납기를 믿지 못한 영업사원의 임의 발주(OEM)
- 금형 조립 시 선행 부품으로 수주생산 대응이 어려움.
- 수요예측 미숙으로 계획생산의 재고 발생.
- 시장이 요구하는 납기가 짧음(납기: 10일 이내).
  → 충분한 재고 확보 없이는 요구납기 대응에 어려움.
- OEM품은 업체 요구사항으로서 결품 시 문제야기 우려
- 동시다발 수주 집중 시 납기 대처능력 저하
- 상품시장 변화에 대한 제공운영정책변화 부적절
  상품시장변화에 대한 처분정책 지연
- 매출분석기법 미비로 인한 월별 수요량 파악이 안되고 수요량의 산
  포도 큼.
- 고객의 단종 및 설계변경에 의한 기존 제품의 처리문제에 대해 무관
  심 → 재고 유무조차 모름
- 제품의 소요량 및 시장의 흐름을 전혀 파악하지 않은 채 기존 계획
  생산발주 System사용(재고생산에 대한 기준 부재)
- 적정 재고량의 관리기준이 너무 많게(길게) 잡혀 있음.

- 생산 진행 중 취소된 제품에 대한 정보전달이 안 되고 해당되는 제품의 처리규정 부재
- 작지 발행 시 불량이 발생할 것이 겁이나 과잉투입을 한다.
- 공정분석 Data 부재로 인한 생산일정 수립이 안 되다보니 원자재 입고통제가 안 되고 들어오는 대로 현장에 투입
   ⋯→ 이때부터 생산 일정이 수립되는 경우가 많음.
- 대형LOT 및 현장관리 부재로 재고품 및 반제품의 증가
- 제조기일이 많이 걸린다.
- 중국법인에 발주한 제품에 대해 납기 및 품질문제로 인해 사내 투입 시 후속조치규정 미비로 인해 본사 및 해외Networrk 2중 제작이 발생됨.
- 중국법인에 발주한 제품수량보다 더 많이 들어와도 다 받아줌.
- 수주가 없다고 재고가 많은데도 현장조업과 외주를 위해 계획생산 발주를 함.
- 창고 재고수량의 신뢰성 문제로 인해 재고가 있어도 발주수량을 모두 투입함.
- 제품 출하업무 집중으로 인한 본연의 재고관리 업무를 못하고 있음.
- 재고관리 지표가 계수화 되지 않아 현상 파악조차 안 되고 있음.
- 창고 관리 및 적치 상태의 혼란으로 정확한 재고량 파악이 안 됨.
- 선입선출이 되지 않아 현재 재고의 상태파악 불가(장기간 보관으로 제품이 열화된 불용재고)
- 공간부족 등으로 인해 정위치 정립이 안됨(관리문제).
- 예전부터 가지고 있던 악성재고가 너무 많다.
- 생산 불량품을 재고로 입고시킴.

많은 내용이지만 항목별로 잘 읽어 보면, 이미 언급한 3가지 문제인 영업정보, 생산정보, 재고정보의 문제로 인해 발생하는 문제의 나열임을 알 수 있다.

무계획적인 생산관리를 하는 회사는 모두 이런 문제를 가지고 있기 때문에 관련 부서 관리자들이 개선의 의지를 가지고 복잡하게 얽혀 있는 실타래를 풀듯이 개선해야만 한다.

이 사례의 회사의 경우 재고감소를 위한 대책으로 왜 과잉재고가 발생했는지에 대한 문제분석을 시도하다가 영업부서의 불참과 회사 간부들의 비협조로 인해서 개선이 중단되었는데 개선의 주체인 간부들이 개선을 위한 관심이 없고, 경영자의 강한 추진력이 미흡했다.

무계획적인 생산관리의 결과로 발생하는 과잉재고 문제를 해결하기 위해서는 제조기업의 모든 부서의 관심과 시간과 인력이 투입되어야 하며, 팀워크를 가지고 추진해야만 가능하기 때문에 개선이 그리 쉽지 않다는 이야기인데, 정말 생산관리를 개선 지도하는 일처럼 어려운 일은 없는 것 같다.

생산관리를 인간의 신체에 비유를 하면 뇌와 같다. 뇌의 기능이 마비 또는 저하되었을 때 인간의 신체는 의지와 상관없이 움직이게 되고, 통제가 안 되듯이, 제조기업에 있어서 생산관리의 중요성은 더 강조할 필요가 없다고 생각한다. 이렇듯 생산관리의 역할이 중요하고 정상적인 생산관리의 기능이 운영되기 위해서는 생산활동의 기본이 구축되어야만 가능하다는 의미이기도 하다. 따라서 재고를 많이 보유하고 있는 회사는 전형적인 주먹구구식 관리를 하고 있다는 반증이기도 하다.

○ 재고 최소화 관리를 위한 개선업무 Process

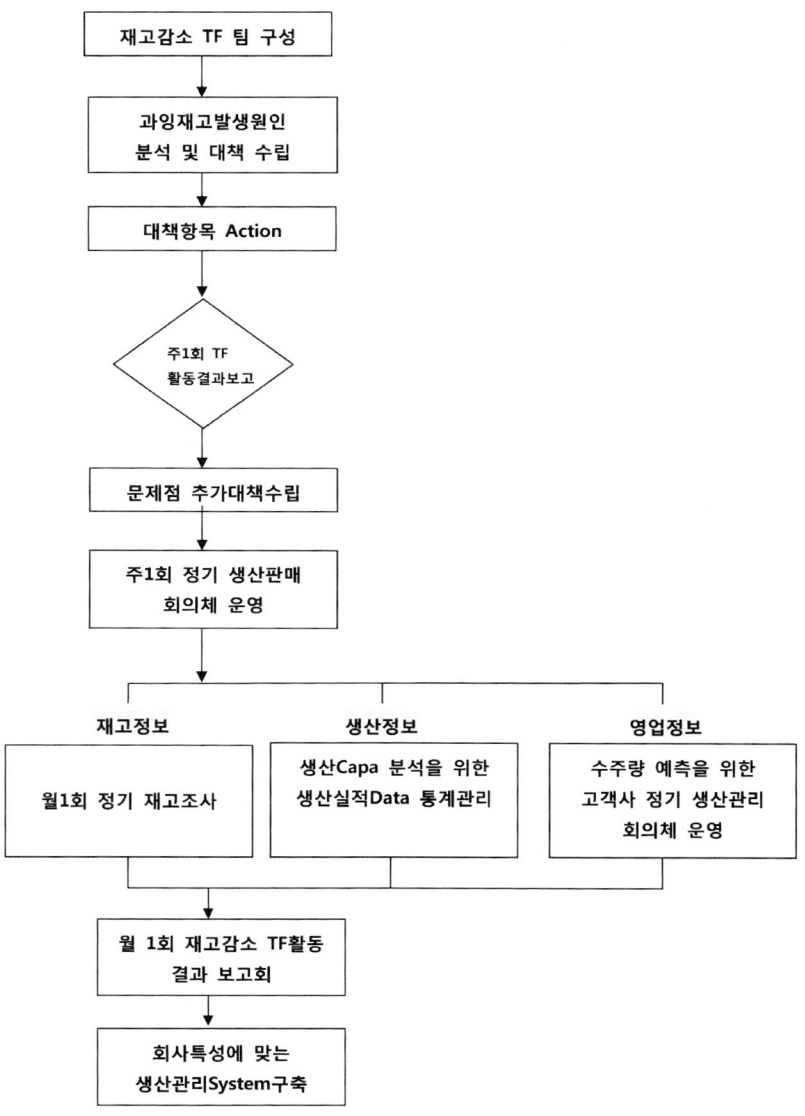

생산계획을 정확히 수립하고 관리하기 위한 방법에 대한 지식은 서점에 다양하게 보기 좋게 출판된 책들이 많다. 생산관리를 잘하기 위한 이론을 열심히 공부하는 것도 중요하지만 내용을 잘 살펴보면 생산관리를 비롯한 관리라는 행위는 사람에 의해서 이루어진 것이라고 강조하고 싶다. 돈을 들여 투자한 생산관리 시스템이 문제가 있고, 관리가 안 되어 사용을 못 하는 이유는 시스템의 문제가 아니라 시스템을 운영하는 사람의 능력의 문제인 것이다.

재고 최소화 관리를 위한 개선업무 Process는 생산관리를 못 하고 있는 회사가 생산관리 업무를 잘하기 위해서 개선해야 하는 업무절차를 정리해 놓은 내용이다.

재고감소 TF활동의 최종 목적은 효율적인 생산관리 시스템을 구축하는 것인데, 생산관리를 엉터리로 해 오던 회사로서는 생산관리를 잘해 보고 싶다고 금방 해결되는 일이 아니고, 부서와의 관계, 부서 관리자, 실무 담당자 간에 깊어진 골을 풀어가는 것이 문제해결의 중요한 요소이기 때문에 반드시 재고감소 TF활동을 구성하면서, 관련 부서의 관리자들이 멤버로 참여하여 많은 반성과 문제점들을 대화로 풀어 나가기 시작해야만 재고문제를 근본적으로 해결하는 해답을 얻을 수 있다. 이런 해답의 결과가 **첫째**는 과잉재고 발생원인 분석 및 대책수립이라고 이야기할 수 있다. 이 대책이 잘 수립 되었다면 생산관리 문제는 90% 해결되었다고 해도 과언이 아니다. 나머지 10%는 실행력이다.

둘째로 중요한 업무는 주 1회 생산판매회의체(생판회의)를 운영해야 한다. 쉬운 의미로 생산과 영업이 일주일에 한 번씩 영업상황을 생산에 전달하고, 생산 상황을 영업에 전달하는 커뮤니케이션이라고 할 수 있다. 상호 간의 애로사항을 듣고, 이해하며 생산계획에 반영하는 행위인데, 대기업에서는 습관화되어 있는 회의체 운영방식이다.

셋째는 재고정보, 생산정보, 영업정보를 정확히 하는 방법인데, 회사를 지도하면서 재고정보를 정확히 파악하는 개선과 생산정보를 분석하는 개선업무는 대체적으로 지도를 통해서 해결할 수 있는데, 영업정보를 위한 개선이 잘 진행되지 않는 어려움이 있다. 정확한 수주 예측을 위한 영업정보를 얻기 위해서는 고객사와 정기적인 생판회의를 진행하면서 고객사의 생산계획과 제품추이 분석, 마케팅 경향을 고객사와 같이 분석할 줄 아는 영업역량이 필요한데 이 점이 잘 안 되는 것이 문제이다.

이 문제는 해당 회사 경영자의 경영능력의 문제인데 재고를 많이 보유하고 있는 회사의 경우 경영자 본인의 문제가 많은 회사가 있다. 생산관리의 기본원리에 대한 이해와 개선을 위한 노력의 책임은 경영자에게 있다고 생각한다. 경영자가 생산관리에 개념이 없으며, 남의 이야기를 잘 듣지 않는 성격이라면 해결은 힘들다고 생각한다.

해결방안 2: 표준화 관리 System

회사를 지도하면서 느낀 공통적인 문제점이 표준관리인데, ISO만 인증받으면 표준은 문제없는 것으로 오해하고 있다는 것이다. ISO 국제표준의 의미는 글로벌시대에 제품을 생산하고, 관리하는 행위를 국제적인 룰(Rule)로 규정하여 최소한 ISO에서 요구하는 관리방법으로 제품을 생산해야만 믿고 구매하고, 거래를 할 수 있음을 의미하는 것이다. 따라서 ISO 인증은 제품을 생산하는 회사에서 제품의 품질을 보증하기 위한 관리의 방법을 국제적으로 약속하는 행위이다. 제조 기업에서 ISO는 제품 생산에 있어서 가장 기본적으로 준수해야 하는 표준이고, 이 외에 각자 회사의 제품 특성과 구조에 맞는 표준을 만들고, 관리하는 모든 행위를 표준화 관리라고 이해하면 좋을 것 같다.

그런데 한국의 표준관리의 실정은 매우 부실한 상황이다. 얼마큼 심각한 상황인지 한 회사의 사례를 이야기해 보자.

어느 중소기업이 중국에 법인을 설립하고 운영 중에 있는데, 목적은 장기적으로 제조기지를 중국으로 이전하여 원가 경쟁력 있는 기업으로 변화하기 위함이었다. 이 회사는 유럽과 미국, 일본에 대형고객을 보유하고 있었는데, 중국에서 생산된 제품이 외국 대형고객에서 품질 Claim이 자주 발생되었고, 그 결과 고객의 요구사항은 중국법인에서 만든 제품은 구입하지 않고, 한국에서 생산된 제품만을 공급해 달라는 요구였다. 또한 한국 본사 입장에서 중국법인산 제품의 품질문제가 우려되어 중국법인 생산제품은 한국 본사에 납품 후 품질검사를 통해서 출하하는 방식으로 변경을 했다. 중국에서의 출하 검사 후 한국 본사에서 입고검사 비용과 재포장 비용, 물류비용의 발생으로 중국법인이 운영되는 목적을 잃어버리고, 중국법인을 철수해야 할지, 그냥 유지해야 할지 고민하고 있다. 왜 이런 문제가 발생할까에 대한 대답이 바로 표준화 관리 시스템의 부재(不在)가 그 원인이다. 이 회사의 한국 본사 역시 표준에 대한 관리가 부실하여 본사 자체에서도 품질문제가 종종 발생하고 있고, 대책수립 역시 잘 못 하는 수준이었다. 어떻게 이런 회사가 해외 법인을 설립할 용기가 있었는지 참으로 대단하다. 모르면 용감할 수 있다고 했던가? 요즘처럼 글로벌화된 시대에는 한 회사가 여러 지역에 많은 공장을 보유하고 있는데, 이때 관리의 핵심이 표준관리 시스템으로서 언제, 어떤 공장에서, 어느 작업자가 생산하더라도 동일한 품질의 제품을 생산하기 위해서 반드시 필요한 관리가 표준화 관리라고 생각한다.

이번 장에서는 표준의 개념과 표준화 관리를 어떻게 해야 하는지에 대해서 상세하게 이야기하고자 한다.

공장을 관리하는 책임자가 표준의 중요성을 이해한다면 좀 더 빨리 회사의 제품 품질을 안정시키고, 생산성을 향상할 수 있다고 생각한다.

1) 표준이란 무엇인가?

표준은 회사와 고객 간의 약속이고, 회사 내 모든 종업원들 간의 약속이다. 고객에게 약속한 제품의 품질을 어떤 상황에서도 동일하게 생산하여 제공한다는 약속이며, 종업원들 모두 표준화된 작업방법으로 제품을 생산해야 한다는 약속의 의미이다. 고객과의 약속을 어기는 기업이 성장할 수 없듯이 지킬 수 없는 표준을 만들고, 표준을 어기거나, 표준이 없는 기업이 만드는 제품을 신뢰할 수 없는 것은 당연한 이치라고 생각한다.

이토록 중요한 제조기업의 표준화 관리의 중요성을 모르는 관리자가 어떻게 품질을 보증하며 생산할 수 있겠는가?

회사의 표준의 개념을 확장해서 생각해 보면 나라의 법과 동일한 개념이다. 법을 어기면 벌을 받게 만들어서 법을 준수하게 하는 통치행위와 동일하게 회사의 표준 역시 마찬가지 개념이다.

전 세계 공통적으로 사용되는 약속인 표준 중에 대표적인 것이 교통 신호체계를 예로 들 수 있는데, 빨간색은 정지, 녹색은 통행, 주황색은 서로 주의라는 표준이 있기 때문에 전 세계인들이 어느 나라에서도 통일된 의미로 생각하고 생활한다. 만약에 나라별로 신호등의 의미가 각각 다르다면 교통사고 발생률이 매우 높을 것이다.

이처럼 회사 내 표준을 만들어서 제품을 생산하는 작업자들로 하여금 관리를 해야만 주간, 야간 작업자의 차이, 공장별 차이, 나라별 차이로 인한 제품품질의 산포를 감소시킬 수 있는 것이다.

2) 표준화 관리의 중요성

표준화 관리는 제조기업의 제품 품질보증을 위한 핵심관리 항목으로서 제조활동을 위한 생산의 4대요소인 4M, 즉 사람, 설비, 재료, 방법에 표준화를 해야 하는 모든 항목을 적용하여 관리해야 하는데, 목적은 생산의 4대 요소에 대한 산포를 최소화하기 위한 중요한 품질관리의 Tool이기 때문이다.

표준화 관리는 현장 작업자만 잘 지키면 된다는 생각을 한다면 큰 오산이며, 회사의 경영자부터 공장관리의 책임자가 관리의 핵심 항목으로 삼아 추진해야만 한다.

3) 효율적인 표준관리 노하우

회사의 표준을 제대로 만들고, 관리하는 행위가 제조기업의 생산 활동에 매우 중요한 업무라는 것을 관리자들이 분명히 이해하기 바랄 뿐이다. 이런 표준에 대한 이해를 바탕으로 각자 회사에 맞는 표준화 관리 체제를 만들어 가는 데 있어서 관리해야 할 표준화의 5가지 원칙을 이야기하고자 한다.

① 문제 해결의 결과를 반드시 표준으로 남긴다
- 제조활동을 하면서 수많은 문제를 해결해야 하고, 많은 문제를 해결하면서 경험기술이 쌓이게 된다. 이때 쌓이는 경험기술이 직접 경험한 일부 직원 또는 관리자에게만 해당하면 곤란하다는 의미이다. 회사 내 모든 문제해결의 결과는 문서로 남게 하고, 그 문서로 하여금 직접 경험이 없는 직원에게도 간접 경험을 하게 함으로써 제조기술에 대한 노하우를 공유하도록 시스템화를 시켜 놓아야만 제조기술에 대한 평준화를 만들 수 있기 때문이다.

② 문제 발생 시 반드시 기존의 표준을 가지고, 문제의 원인을 분석하고, 그 결과를 표준에 반영해야 한다
- 문제가 발생하면 표준은 있는가?
- 표준은 잘되어 있는데 사람이 표준을 지키지 않아서 발생한 문제인가?
- 표준대로 작업을 했는데 문제가 발생했는가?
위의 3가지 질문은 문제가 발생했을 때 문제분석을 위한 시작단계에서 관리자가 검토해야 할 3가지 항목이다.

문제가 발생했을 때 표준이 없다면 문제 허결 후에 반드시 그 결과를 표준에 등록하여, 그 일에 관련된 직원을 대상으로 교육을 시키고 그 표준을 지키도록 관리하며, 제대로 된 표준은 있었으나, 표준의 내용을 몰랐거나 표준을 무시해서 발생했다면 해당 표준에 대한 교육을 실시하며, 무시한 직원에 대한 불이익을 주어 관리하도록 하고, 표준대로 작업을 한 결과, 문제를 일으켰다면, 표준에 문제가 있으므로 표준을 개정해야 한다.

이렇게 관리 행위의 기준을 표준으로 삼는다면, 관리행위가 용이해질 뿐만 아니라 문제를 최소화하는 좋은 수단인 것이다.

여기서 언급되는 문제란 제조활동과 관련되어 발생하는 모든 문제를 의미하며, 관리를 하는 과정에 발생되는 업무적인 문제도 포함된다.

③ 표준문서의 작성은 표준을 사용하는 사용자 위주로 내용을 구체적이고, 객관적으로 작성한다

- 회사를 지도하면서 발견되는 표준과 관련된 문제점을 보면, 형식적인 작성으로 관리하는 데 전혀 도움이 되질 못하는 잘못된 표준과 성의 있게 작성은 되었는데 내용이 너무 복잡하고, 단어가 어려워서 작업자가 참고하기 어렵게 작성된 경우가 많이 있다. 이렇게 작성된 표준은 작업자를 위한 표준이라고 하기 어렵고, 실제 작업자는 그런 표준을 참고하지 못한다. 따라서 표준의 내용은 작업자가 쉽게 이해하고, 따라 하기 쉽게 작성하여야 한다.

④ 표준을 처음 만들고, 개정 후에는 반드시 표준을 사용하는 부서원에 대한 교육을 실시하여 준수하도록 해야 한다

- 표준을 관리하는 부서는 대부분 품질부서이고, 그 표준을 사용하는 부서는 생산부서원들이기 때문에 사용자가 표준을 잘 숙지하도록 하는 교육이 활발히 진행되도록 해야 한다.

⑤ 표준이 만들어져 있고, 현장에서 관리되고 있다면 표준이 얼마만큼 잘 준수하고 있는지에 대한 점검활동이 진행되어야 한다
- 이를 표준 Audit이라고 하는데 대부분 품질부서원들이 생산현장을 주 1회 표준 Audit를 통해서 표준대로 생산 활동을 진행하는지 점검하는 관리행위로서 품질수준이 높은 회사는 자체적으로 관리하고 있는 표준화 활동이다.

표준화 관리 시스템이 구축되어 제조활동을 한다는 의미는 제조활동의 모든 통제가 표준화 체계하에서 이루어진다는 뜻이다.

제조활동에 관련된 모든 행위가 표준화로 만들어지기 위해서 다음과 같은 표준화 작업 Process를 준수하면서 작성되어야 한다.

○ 표준화 체계 구축을 위한 업무 Process

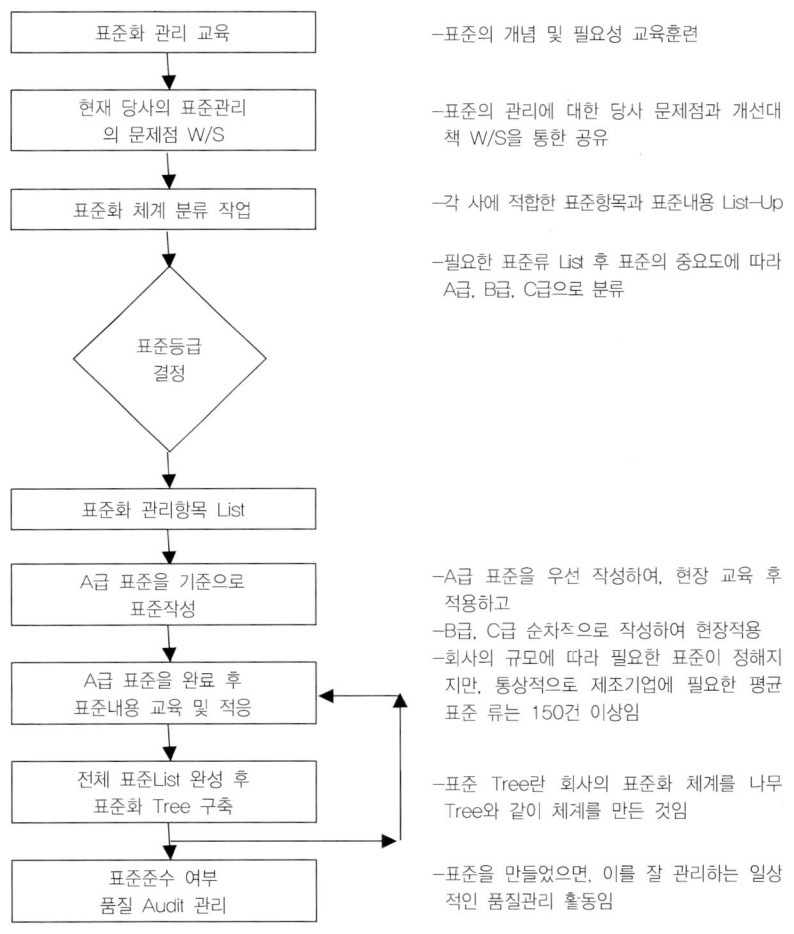

(flowchart)	
표준화 관리 교육	–표준의 개념 및 필요성 교육훈련
현재 당사의 표준관리의 문제점 W/S	–표준의 관리에 대한 당사 문제점과 개선대책 W/S을 통한 공유
표준화 체계 분류 작업	–각 사에 적합한 표준항목과 표준내용 List-Up
표준등급 결정	–필요한 표준류 List 후 표준의 중요도에 따라 A급, B급, C급으로 분류
표준화 관리항목 List	
A급 표준을 기준으로 표준작성	–A급 표준을 우선 작성하여, 현장 교육 후 적용하고
A급 표준을 완료 후 표준내용 교육 및 적응	–B급, C급 순차즈으로 작성하여 현장적용 –회사의 규모에 따라 필요한 표준이 정해지지만, 통상적으로 제조기업에 필요한 평균 표준 류는 150건 이상임
전체 표준List 완성 후 표준화 Tree 구축	–표준 Tree란 회사의 표준화 체계를 나무 Tree와 같이 체계를 만든 것임
표준준수 여부 품질 Audit 관리	–표준을 만들었으면, 이를 잘 관리하는 일상적인 품질관리 홀동임

표준화에 의한 제조활동 관리가 안 되고 있는 회사에서 표준관리 시스템을 제대로 구축하기 위해 필요한 업무 Process로서 제조 관련 관리자들이 집중해서 표준화 작업을 추진할 경우 빠르게는 4개월 후에는 필요한 표준 Tree를 만들고, 표준을 정립할 수 있는데 문제는

이 표준을 잘 유지 관리하며, 표준에 의한 생산통제를 하기 위한 표
준 Audit 활동을 제대로 진행해야만 표준에 의한 효과를 볼 수 있다.

○ 표준항목 List 사례

00사 표준 LIST

(No = xxx)				등급-A: 매우 중요 / B: 중요 /C : 보통			
No	구분	공정	기술표준종류	표준명	등급	비고	담당
22	공통	기타	작업표준	롤링테스트기 작업 방법	A	수정	
23	공통	포장	작업표준	Volvo 및 지방사무소별 국내품 회사로 고 포장지 포장 방법	B	수정	
24	공통	포장	작업표준	Fibro, GGB 등 해외 업체 포장 방법	B	수정	
25	공통	포장	작업표준	Daibo 진공포장 방법	B	수정	
26	공통	포장	작업표준	EmuWai, L/T, L/A, 동남아 등 일반비 닐포장 방법	B	수정	
27	공통	기타	작업표준	인장TEST, 연신율 만능재료 시험기 작동 방법	C	수정	
28	공통	경도	검사표준	경도기_로커웰 시험기 작동 방법	C	수정	
29	공통	경도	검사표준	경도기_브리넬 시험기 작동 방법	C	수정	
30	공통	경도	검사표준	경도기_휴대용, 쇼어 시험기 작동 방법	C	수정	
31	PLATE	최종검사	검사표준	LTP 테이퍼 면취 각도 검사 JIG 사용 방법	A	신규	
32	PLATE	최종검사	검사표준	LGP 테이퍼 면취 각도 검사 JIG 사용 방법	A	신규	
33	공통	최종검사	검사표준	TAP 전용 측정기 검사 방법	A	신규	
34	공통	공통	업무표준	협력업체 불량공제 규정	A	신규	
35	BUSH	최종검사	검사표준	FIBRO MOLD BUSH 기하학적 공차 원주 흔들림/검사 방법	A	신규	
36	PLATE	최종검사	검사표준	BOTTOM PLATE PIN HOLE 측정 방법	A	신규	
37	BUSH	최종검사	검사표준	쿠션링 면취 길이 검사 방법	A	신규	
38	공통	마킹	작업표준	전해 마킹 사용 방법	C	수정	
39	BUSH	드릴	작업표준	BUSH류 CNC드릴 작업 방법	A	신규	
40	BUSH	드릴	작업표준	BUSH류 탁상드릴 작업 방법	A	신규	
41	BUSH	내경정삭	작업표준	큐션링 작업 방법	A	신규	
42	공통	드릴	설비표준	CNC 드릴 베어링 교체 작업 방법	C	신규	

필요한 표준에 대해서 공정별로 취합하여 전제의 표준 List를 만들고, 엑셀의 필터기능을 활용하여 라인별, 공정별, 표준 종류별, 등급별, 제/개정 여부, 작성담당자를 List한다.

이때 반드시 현장의 조·반장과 함께 표준 List를 정해야만 현장 적용이 빠르고, 표준명만 봐도 어느 부분의 표준을 의미하는지 알 수 있도록 표준의 이름을 작명해야 한다.

○ 표준 Tree 작성 사례

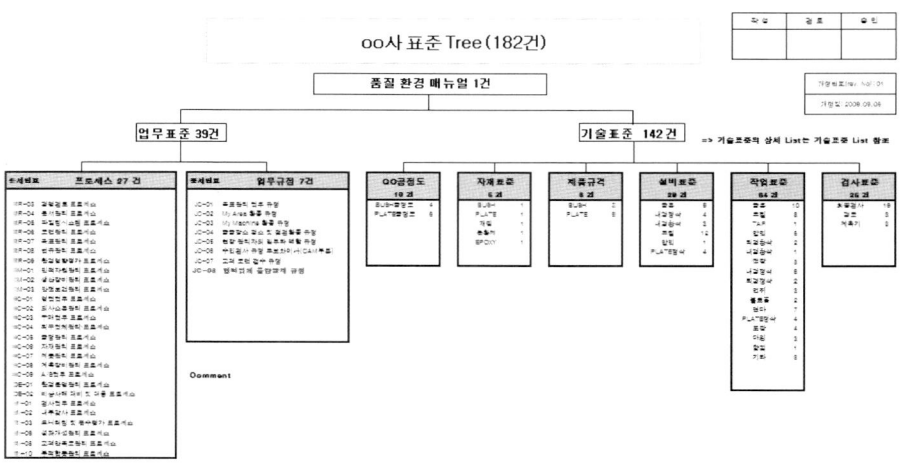

이 회사는 ISO 인증을 4년 전에 받았고, 정기적인 사후관리를 받고 있는 회사인데 지도를 하면서 품질의 문제를 점검해 본 결과 불량을 감소하기 위해서, 생산성을 관리하기 위해 필요한 표준들이 없거나, 표준항목은 있어도 표준관리를 하지 않고 있었다. 따라서 품질 Claim이 빈번하게 발생하며, 사내 불량률의 산포가 매우 불안정한 상태였다. 그래서 새롭게 꼭 필요한 표준을 다시 정리하고, 현장에서 잘 준수할 수 있는 표준으로 체계화하고 표준내용을 해당 작업자를 대상으로 표준 교육을 진행한 결과, 양품률이 평균 65% 수준에서 85% 수준으로 20% 향상되었으며, 품질 Claim도 감소하는 효과를 볼 수 있었다.

해결방안 3 : 업무 Process 관리

업무 Process란 무엇인가부터 생각해 보기로 하자. Process라는 단어를 사전에서 찾아보면 공정이라는 의미, 절차라는 의미로 나오는데, 표준에서 이야기하는 Process란 절차라는 개념에 가깝다. 표준의 틀에서 쉽게 구분해 보면, 작업자가 지켜야 하는 표준이 작업표준이라면 관리자들이 업무를 수행하면서 지켜야 하는 표준이 업무 Process라고 생각하면 좋을 것 같다. 즉 관리자들이 행하는 관리의 행위를 Process화하여 누구든지 해당되는 업무를 처리할 때에는 이러한 업무절차에 의해서 추진하라는 의미가 담겨 있다. 이렇게 관리자의 관리행위를 업무표준의 틀에서 진행하게 만들어야만 부서장이 바뀌어도 담당자가 변경되어도 큰 업무의 틀은 유지하면서 발전할 수 있는 것이다. 이러한 관리자의 업무 Process가 정립되어야만 주먹구구식 관리행태가 근절될 수 있다.

그런데 이런 중요한 관리행위를 모르는 회사 간부가 많다는 것이 참으로 안타까운 심정이다. 어떤 회사의 사례를 살펴보자. 회사의 생산과장은 생산을 직접적으로 책임지고 있는 실무 관리자인데, 다른 회사에서 영입된 지 약 5개월이 지났는데, 생산과장으로서 중요하게 관리해야 하는 업무에는 관심이 별로 없고, 본인이 전공한 분야에만 관심을 보이고 시간을 할애한다. 물론 전공분야가 생산팀에 도움이 일부 되기도 하지만, 생산팀장은 생산실적에 대한 목표달성을 위한 노력, 품질문제 예방관리를 위한 모든 관리력을 집중해야 하는 것이 기본인데, 팀장의 하루하루의 업무가 현장과 맞지 않으면서 현장의 관리자들과 이견이 발생하고 서로 불만이 쌓이기 시작했다. 이런 생산팀이 일을 잘 수행하고, 문제를 예방할 수 없는 것이다. 이러한 문제를 처음부터 예방할 수 있는 대책은 무엇이 있을까? 반대로 이 회사는 어떤 문제가 있는지 검토해 보자.

첫째, 생산과장 역할의 중요성을 이해하지 못하고 검증되지 않은 생산과장을 영입한 것 아닐까? 인사관리 시스템에 문제가 있을 수 있다. 경영자와 임원들이 사람 보는 안목이 떨어지거나, 능력보다 관계로 영입했을 수도 있다.

둘째, 완벽한 역할을 해내는 인재를 발굴하는 것은 어렵기 때문에 적당한 인물로 선정할 수도 있는데 이때 중요한 것이 업무 Process라고 생각한다. 생산과장이 누구든 간에 과장으르서 규정된 일정한 업무규칙이 표준화되어 있었다면, 그 과장은 그 일이 하기 싫어도 열심히 과장 본연의 임무에 충실했을 것이라고 생각한다. 하지만 그 회사는 관리자의 업무규정이 있었으나, 중요하게 관리하지 않았고, 내용을 확인해 보니 없으나마나 한 형식적인 규정이었다.

지금까지 사례를 보면서 관리를 잘하기 위한 업무 Process를 설명했지만, 제조회사에서 생산성, 품질에 대한 일일실적을 분석하고 대책을 수립하는 관리활동이 가장 중요한 생산관리 행위라고 생각한다. 당연한 것 아닌가? 제조회사에서 매일 생산활동에 대한 점검 관리의 방법으로서 전날의 생산지표에 관한 실적을 점검하고 문제를 분석하고 개선대책을 수립하는 관리활동이 이루어지지 않는다면 제조 관련 관리자들은 매일 무슨 일을 하는지 이해할 수 없다. 관리자는 문제를 분석하고, 대책을 찾는 주체는 현장의 조·반장이 되어야 한다.

작년에 지도했던 회사에서 있었던 일이었는데, 그 법인장은 영업을 전공한 사람이었는데 지도 초기에 생산팀에서 전일 생산한 결과에 대한 점검이 진행되지 않고 있었고, 사내 품질불량이 매우 높고, 생산성은 현상만 유지하고, 자주 품질 Claim이 발생하여 문제가 있었던 회사였는데, 약 3개월이 지난 후에 법인장이 참 이상하다고 질문을 해 왔다. 현장에 별로 개선한 것이 없는데 불량이 왜 감소했는지 이해할 수 없다는 것이었다.

제조현장의 개선은 크게 2가지로 구분할 수 있는데 하드웨어적인 개선과 소프트웨어적인 개선이 있다. 하드적인 개선이란 설비적인 투자 또는 눈으로 보이는 개선이고, 소프트적인 개선이란 바로 관리자의 업무 Process의 개선을 의미한다. 개선의 순서는 관리자의 업무 Loss를 줄이는 개선을 한 후에 하드적인 개선을 진행해야 개선결과를 유지하고 스스로 발전해 갈 수 있기 때문이다. 그 회사에서 3개월 동안 추진한 것이 바로 관리자가 매일 전일 실적을 분석하는 Process를 수립하고 회의체를 운영하게 만들었고 그 결과로 불량이 감소되었는데, 그 회사 법인장은 이런 관리 System을 이해하지 못했던 것 같다.

이렇듯 소프트적인 관리 시스템을 만들고 운영하는 묘미는 전혀 돈을 들이지 않고 개선의 효과를 120% 누릴 수 있는 맛이 있다. 아직도 국내의 많은 제조기업들이 실적분석 Process를 잘 활용하지 못하고 있는데 이 책을 통해서 널리 알려지길 바란다.

○ 일일실적 분석 Process

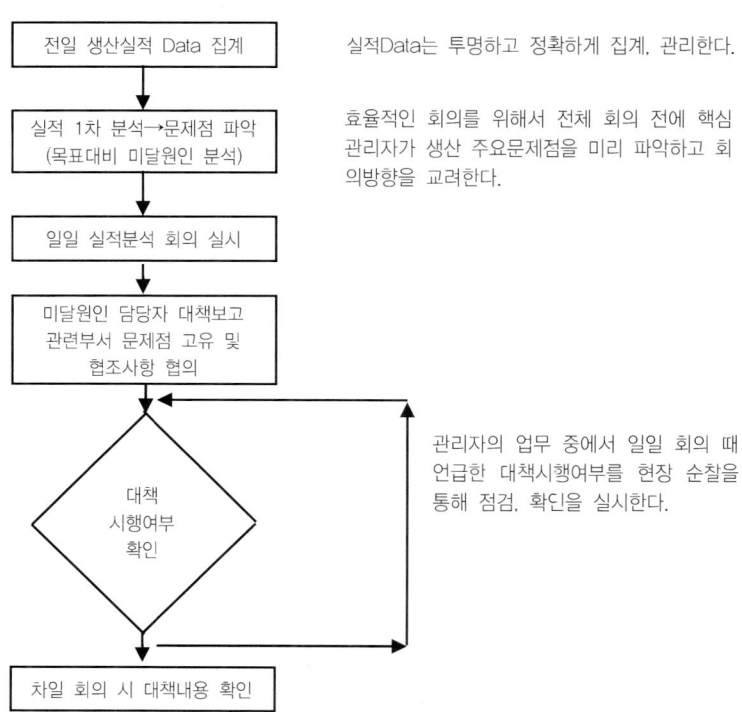

전일 생산실적 Data 집계

실적Data는 투명하고 정확하게 집계, 관리한다.

실적 1차 분석→문제점 파악
(목표대비 미달원인 분석)

효율적인 회의를 위해서 전체 회의 전에 핵심 관리자가 생산 주요문제점을 미리 파악하고 회의방향을 교려한다.

일일 실적분석 회의 실시

미달원인 담당자 대책보고
관련부서 문제점 고유 및
협조사항 협의

대책
시행여부
확인

관리자의 업무 중에서 일일 회의 때 언급한 대책시행여부를 현장 순찰을 통해 점검, 확인을 실시한다.

차일 회의 시 대책내용 확인

일일실적 분석업무의 효과적인 진행을 위해서는 다음의 몇 가지 사전 준비가 있어야 한다.

1. 관리해야 할 항목을 명확히 한다.
2. 관리항목에 대한 목표를 정한다.
3. 실적과 상관 있는 관련 부서 책임자 참석을 의무화한다.
   (예, 품질, 설비관리, 생산관리 등)
4. 생산 책임자가 회의를 주재하며, 실적미달에 대한 책임을 묻는 회의가 아닌 문제 원인분석을 하고 대책을 수립하는 회의문화를 형성해야 한다.

관리자들에게 있어 표준이란 하고 있는 모든 업무를 Process화해서 다 알게 하고, 약속된 업무내용을 잘 준수하는 것이다. 이것을 업무 Process라고 하는데, 이러한 업무 Process가 필요한 이유는 부서 내에서 진행하는 업무에 대한 것도 중요하지만 특히 부서 간에 서로 얽혀 있는 업무를 빨리, 효과적으로 해결하기 위해서 더욱 필요하다.

업무가 부서 간에 연결되어 있어 부서 간 협조가 필요한 업무 Process 항목을 예로 들면 다음과 같다.

- 원료(원자재) 수입검사 Process
- 부적합품 처리 Process
- 완제품 출하 Process
- 외주업체 설비보수 Process

- 외주업체 품질평가 Process
- 고객 Claim발생 처리 Process
- 고객 Audit 시 업무 Process
- Spec 변경 업무 Process
- 설비개선, 제작 발주 Process
- 설비, 금형관리 Process
- 검사장비 점검관리 Process
- 기종변경 업무 Process
- 공정 Test 업무 Process
- 도면관리 Process
- Job Review 관리 Process
- 신설비 발주 업무 Process
- 일일실적 분석 회의 Process

작은 중소기업의 경우 한 사람이 여러 업무를 중복해서 처리하는 경우에는 혼자서 북 치고, 장구 치며 업무를 처리하면 되겠지만, 기업의 규모가 커지면서 각 부서 간 담당자 간의 역할이 구분되고, 분리되면서 전문화가 되면서 관리자가 처리해야 하는 업무 자체가 혼자서 해결하는 경우는 매우 드물고, 관련 부서의 원활한 협조가 필요한데 이런 협조가 잘 이루어지지 않는 데에 문제가 발생한다. 그래서 필요한 이러한 업무 Process는 경영자가 일상 관리하는 과정에서 점검해야 할 중요한 포인트라고 생각한다.

위의 업무 Process 중에서 중요하다고 생각하는 항목에 대해서 몇 가지 소개하고자 한다.

매우 중요하다고 생각하는 업무 Process인데 대부분의 회사에서 관리하지 않아서 Loss가 많이 발생하는 Job Review Process에 대해서 소개하고자 한다.

Job Review Process는 설비에 의해서 생산성과 품질이 좌우되는 장치산업에 특히 필요한 관리 Process이고, 장치산업은 아닐지라도 작업자보다 설비에 의해 생산성, 품질이 좌우되는 제조업에서 관리자가 반드시 관리해야 할 관리항목이다.

○ Job Review 관리 Process

Job Review관리에 관한 용어 자체가 생소하게 들리는 사람들이 많을 것으로 안다. 그래서 조금 상세하게 설명하고자 한다.

1) Job Review의 의미는 기종변경(Job change)을 실시하기 전에 기종변경을 할 대상기종에 대해 전에 생산했을 때의 최상의 설비 SET - UP조건 Data를 준비하고, 그 당시 품질상태를 점검하는 행위를 의미한다.

2) Job Review의 목적은 기종 변경 후 변경된 제품이 가장 빠른 시간 내에 안정된 품질로 생산되기 위한 것으로 정확히 표현하면 지난번 생산 시(前 Job의 품질 상태)의 품질조건을 동일하게 재현하는 것이 목적이다.

복잡한 설비에 의한 생산 또는 장치산업의 특성상 동일한 설비에서 지난번 생산했을 당시 좋은 제품의 품질이 기종변경 후 재현 되어야 기종변경 후 안정화 시간을 단축시켜서 기종변경에 의한 설비유실 Loss를 줄여야 하는데 실상은 그렇질 못하다. 지난번에 좋은 품질로 생산되었는데 이번에 기종변경 후에는 품질에 재현이 안 되어 안정화 시간이 길어지면서 관리자들은 고생하고 효율은 떨어진다. 이런 현상으로 고생하는 회사가 있다면 반드시 Job Review 관리 Process를 잘 적용해야 한다.

3) Job Review관리를 위한 기본관리 항목은 다음과 같다.

3-1) Job Review관리를 위한 전제조건은 해당 설비에 대해서 생산 기종별 SET-UP관리 표준이 되어 있어야 한다. 前에 생산되었을 당시 제품 품질 상태가 양호했던 기준의 설비의 주요 SET-UP항목으로서 품질에 영향을 주는 설비인자를 List하여 관리해야 하는 방법이다.

<기종별 설비 **SET-UP** 양식>

ITEM			model		PD20xx		PD24xx		PD3xx		PD35xx		PC	
					양극양면	음극양면	양극양면	음극양면	양극양면	음극양면	양극양면	음극양면	양극양면	음극양면
			unit	Tol	STD	STD	STD	STD	STD	STD	STD	STD	STD	STD
	속도		m/min	-	2.5	2.5	2.5	2.5	2.5	2.5	2.5	2.5	1.5	1.5
핵심관리항목	COMMA gap		um	±			390	310	358	293			381	300
	Dry zone 1	온도	℃	±3	90	90	90	90	90	90	90	90	100	100
	Dry zone 1	RPM	rpm	±10	873	1371	873	1371	873	1371	873	1371	1000	1000
	Dry zone 2	온도	℃	±3	130	130	130	130	130	130	130	130	130	130
	Dry zone 2	RPM	rpm	±10	990	1488	990	1488	990	1488	990	1488	1900	1900
	Dry zone 3	온도	℃	±3	145	150	145	150	145	150	145	150	150	150
	Dry zone 3	RPM	rpm	±10	1417	2470	1417	2470	1417	2470	1417	2470	2700	2700
	winder tension		N	±1										
일반관리항목	점도		cP	±										
	로딩		mg/coin	±										
	코팅폭	A	mm	±1	100	140	120	140	140	140	170	170		
	코팅폭	B	mm	±0.5	39	50	47.5	55	58	60	70.5	71.5		
	코팅폭	C	mm	0/-0.05	28	30.5	35	40	46	50	55.5	58		
	코팅폭	D	mm	0.5/-0	11	19.5	12.5	15.5	12	10	15	13.5		
	코팅폭	E	mm	0.5/-1	22	39	35.5	30.5	24.5	20.5	29	27		
	Gsa meter	zone 1	%LEL	max	10	10	10	10	10	10	10	10	10	10
	Gsa meter	zone 2	%LEL	max	0	0	0	0	0	0	0	0	0	0
	Gsa meter	zone 3	%LEL	max	0	0	0	0	0	0	0	0	0	0
	건조상태		-	참조										

3 - 2) 설비별로 생산되는 기종별 표준SET - UP을 보유한 상태에서 기종변경(Job Change)을 실시하기 4일 전에 Job Change 사전 준비회의를 실시한다.

· 前 Job에 대한 결과보고서에 기록된 대책 항목의 개선 여부 점검
· 이번 Job의 특기사항 점검
· 기종변경 후 안정화에 영향을 미칠 수 있는 변화인자에 대한 점검을 실시한다.

4월 Yellow Job change 사전 회의록

작성	검토	심의

- 일시
- 회의 참석자:

① 前 Job(3월) 주원료 사용 내역

항목		2007년 3월 생산 Yellow	입고일
Resin(cp)		1~6번 batch 8K2163(56cp)→7~20번 batch 8K1213(55cp)	07.2.2 / 07.3.12
EA		재생	07.3.5
Dye	BY51	2.5phr(1.5kg)	
CCA		1~8번 batch NJ 5phr(3kg) . 9~20번 batch NJ 3phr(1.8g)	
SDS		2.7phr(0.81g)	
PVA		6phr(1.8kg)	

② 이번 Job(4월 18일~) 주원료 사용 계획

항목		2007년 4월 생산 Yellow 생산 예정	입고일
Resin(cp)		8K2113(48cp)	07.3.12
EA		재생	07.3.5
Dye	BY51	2.5phr(1.5kg)	전과 동일
CCA		5phr(3kg)	
SDS		2.7phr(0.81g)	
PVA		6phr(1.8kg)	

③ 공정 주요 set-up 계획

Resin Melt 시각	3hr~5hr (Resin Melt 후 Droplet 까지의 시간)
Dyeing 시각	2hr~4hr (Dye 투입 후 Droplet 까지의 시간)
반응기 세척	연속 생산시 같이 세척 실시
원료투입방법	동시투입
승온속도	2'C~76'C 0.04C/min ―〉76'C 10min. Hold ―〉76'C~88.5'C 0.08'C/min ―〉 88.5'C 30min. H
초기 Milling RPM	250
EA 제거시 RPM	100
SDS	후 첨가 방식

④ Job change 후 공정 QC 확인 항목

- Fusing

- DSC

- Milling 및 Washing의 QC 항목을 3월 data와 비교하여 품질 문제여부를 확인할 예정임

⑤ 3월 Test 결과 follow up 사항

- CCA 3phr Test분 분급 후 Printing 확인(~5/4) 후 향후 작업 표준 개정 예정

- 향후 Test batch는 최소 Lot로 진행한다.

⑥ Job review 검토 결과(문제점 및 개선 계획)

항목	개선 계획	담당자	일정
ID가 낮음(평균 0.72)	D/B Down position Text 실시(HP 4700)		4/27
	CCA 3phr Printing test 실시		5/4
00L Scale up 후 Leakage 발생(F	300L Scale up시 재검증(다른 Batch 재 printing		4/27

이 회사는 화학계통의 회사인데 Job Review관리를 하기 전에는 기종변경 때마다 제품의 재현성이 없어서 불량이 다량 발생하고, 품질 재현성이 없어서 문제가 되었는데, Job Review관리를 통해서 기종변경 후 품질 재현성을 확보한 사례이다.

- 前 Job에 사용했던 원료와 이번 Job에 사용할 원료 차이 분석을 통해서 품질 재현성을 검토한다.
- 前 Job에 운전했던 설비 SET – UP과 운전방법에 대한 재현성을 위해서 前 Job 결과 보고서를 확인 검토한다.

3 – 3) 철저한 Job 사전 준비 점검회의를 통허 예상 문제점 등을 점검 후 기존변경을 실시하여 생산을 한 후에 다시 이번 생산이 완료된 후 Job Review 점검을 실시한다.
- Job Review를 통해서 기종변경 소요시간을 쿤석하고, 품질 재현성 여부를 점검한다.
- 前 Job과 이번 Job에 대한 원료 차이, 설비운전 SET – UP 차이를 분석하고, 생산 특기사항 전, 후 품질 차이를 비교 분석한다.
- 그리고 이번 생산 시 문제점 및 원인 분석, 대책을 수립하여 다음 Job을 준비한다.

4월 Yellow Job Review

① 생산기간 : 2007년 4월 23일 ~ 2007년 5월 2일
② 생산량 : 240kg 26batch 중 24batch 합격 (수율 92%)
③ 주요 사용 챠트 & 챠트 Set-up 점 후 비고

			사용 챠트 챠트		셋비 Set - up	
			3월 Job	4월 Job	3월 Job	4월 Job
Melt	Resin	1~6번 batch 5%2163.86cc)	5%2213.88cc)	Melting : 2hr	Melting : 2hr
		7~20번 batch 5%1213.86cc)	점착 불량(1:1)	Dyeing : 3hr	Dyeing : 3hr
	BA		점착 불량(1:1)	촉 촉 증시 투입	촉 촉 증시 투입
	Dye	B/B1 2.5phr(0.75kg)	B/B1 2.5phr(0.75kg)	rpm : 150rpm	rpm : 150rpm
	UVB	Z-KA 328 2phr(0.6kg)	Z-KA 328 2phr(0.6kg)		
	Wax	Lot : 2006.059	Lot : 2006.059		
		P-Wax 5phr(1.5kg)	P-Wax 5phr(1.5kg)		
Milling	PVA	Lot : 468141	Lot : 468141	초기 Milling : 250rpm	초기 Milling : 250rpm
		Amp : 1.5ud	Amp : 1.5ud	EA차가 : 100rpm	EA차가 : 100rpm
	SDB	Lot : 7A1234	Lot : 7A1234		
		2.7phr (0.81kg)	R-2100 2.7phr(0.81kg)	72℃~76℃ 0.04ℓ/min	72℃~76℃ 0.04ℓ/min
			--> 2.5phr 0.75kg)	->76℃ 10min mold	->76℃ 10min mold
			R-2200 2.7phr(0.81kg)	->76℃~99.5℃ 0.03ℓ/min	->76℃~99.5℃ 0.03ℓ/min

④ 생산 후기/사항

1. 1번~16번 Batch 변 총립 SDB양은 R2100회 size가 R2200에 비하여 평균 1.2% 큼
   (R-2100 평균 9.0% / R-2200 평균 7.8%)
2. 11~16번 batch Washing 과립 후 Filter cloth 사이 묻지 청정 사후 세척됨
3. 이물(表, 탄화) Volume표 (12~22%까지) --> 감소 (Number치 99%)
   - 측정 값(6 최 표준값 인하 합격 할 수 있다.
4. 17번 Batch 후부 SDB양을 R-2100(2.5phr) R-2200 2.6phr 조정함으로 size 편차가 (평균 0.6% 줄음)
   R-2100 평균 9.0% R-2200 평균 7.8%

	Mean value	Washing VOC	cake VOC	Drying VOC	혼출전 VOC	혼출후 VOC	혼출후 Mode peak	Tap딜트
평균	9.1	26	1.4 6	0.93	1.4 6			
혼출완료	0.93	3.6	0.7	0.1				
Cak	0.13	0.39	1.05	0.29				

⑥ 생산시 문제점 및 Action Point

문제점	원인 분석	Action Point	담 당
1. 탈융기 R-2100과 R-2200보다 평균 챠크가 0.9% 크게 나온다. ※ Color 별 Size 편차 Magenta R2100 7.5% / R2200 7.8% 2.1phr 큼 / R2200 Cyan R2100 7.5% / R2200 7.8% 0.4% 하가가 난다. Black R2100 7.5% / R2200 7.4% 0.1% 하가가 난다. 2. Size 편차 (편차 편차	1. Dyeing시간의 완료 - 3월 평균 Dyeing시간 : 5hr - 4월 평균 Dyeing시간 : 3hr 2. 탈융기 Steam Control valve 오차 발생 - R2200 2007년 3월 사장으로 고침 - R2100 2006년 설치 이 후 챠트 사용중 R2100회 Steam Control valve 오픈값으로 챠크로 인해 EA처가서) 혼준 Control 가챠크 인해 EA처가 완료치가 발생로되 있다. - 혼출 편차 편차 오차 발생로 인함	1. Dyeing 시간 변경 Test - 3월 평균 Dyeing 시간 적용 : 5hr 2. R2100 Steam Auto Control valve 오픈회 하 것 값 교 체 (재 점검 5월 수리, 5월 교체예정) 3. Color별 셋비 재챠크후 Set-up 관리 실시	홍민
		4. 혼출 편차 MR 최 후 오차 확인 - 최 후출제 후 차트출제	박종우

기종변경 후 안정화 시간이 길어서 문제가 되는 회사는 반드시 이러한 Job Review관리 Process를 적용해서 개선해야만 안정화 시간을 단축할 수 있다. 이렇듯 관리자의 노력과 새로운 관리기술의 도입 없이 경험자에게만 의존하는 생산을 하는 주먹구구식 관리방식으로는 효율적인 생산을 기대할 수 없다. 지금까지 이야기한 Job Review 관리 Process를 정리하면 다음과 같다.

생산팀	담당자	관련양식	일정
생산계획			
J/C 사전회의	생산팀장	월간 성산 계획서	
	공정담당	J/C 사전 회의록	J/C −4 day
진행점검 (YES) / 진행점검 (NO)		J/C 사전 회의록	J/C −4 day
	공정담당	J/C 진행점검 보고서	J/C −2 day
생산계획 수정 (NO)	생산팀장	월간 생산 계획서	
J/C사전계획 (YES)	해당공정반장	J/C 사전 계획서	J/C −1 day
Job Change	해당공정반장	J/C Time 결과 보고서	
	생산과장	회의록	J/C −0 day
Job 중간 점검회의	반장	각 공정 수불부 작성	Job end +0day
Job 완료	공정담당	Job review 보고서	Job end +2day
문제점 대책 실행 ← Job review 회의			

이렇듯 업무 Process는 관리자가 관리를 못 해서 발생하는 관리 Loss를 최소화하고, 업무를 관리자들 간에 사이가 좋고, 나쁜 개인적인 관계에 의한 업무영향을 최소화하는 데 큰 효력을 발생한다.

해결방안 4: 평가 system

평가에 대한 측면을 다른 각도에서 생각해 보면, 부모로부터 물려받은 재산이 없는 사람이 사회적으로 성공을 하고, 정당하게 부를 얻을 수 있는 방법은 전문가가 되는 길이라고 생각한다(물론 부모 재산이 많은 사람도 있겠지만). 박지성 선수가 1주일 동안 받는 주봉이 1억이 넘고, 유명 연예인의 1회 드라마 출연료가 1억～2억, 유명 MC의 1회 출연료가 5천만 원이 넘는다고 한다. 김연아 선수는 세계 신기록을 본인 스스로 경신하며 세계적인 선수로서 대한민국의 이름을 세계에 널리 날리고 있다. 김연아 선수를 피겨 스케이트의 여왕이라는 이름 측면에서, 전문가라는 개념에서 바라보면 배울 점이 많다고 생각한다. 경기도에 있는 고등학교의 피겨 선수로 시작한 김연아. 천부적인 자질로만 성공을 했을까? 우리가 모르는 피나는 훈련의 결과라고 생각한다. 그래서 피겨 스케이팅의 전문가로 세계에 우뚝 선 것이다.

성공한 사람들 모두 저마다 자기가 맡은 분야에 전문가가 되었기 때문에 성공한 것이다. 우리는 정말 그들처럼 노력을 하고 있는 것인지? 열정과 혼신의 노력을 했는지? 성공한 전문가를 부러워하기 전에 반성도 필요하다고 생각한다. 그렇다면 제조기업의 관리자로서 임원으로서 어떻게 전문가로 성장할 것인가? 이 시점에서 생각해 보자.

평가 시스템이 없는 중견, 중소기업에서 평가를 하려고 하면 바로 저항감을 나타낸다. 기분 나쁘게 왜 평가를 하려고 하느냐 하는 표정들이다. 그들은 전문가로 성장하려고 하는 Mind조차 없는 사람들이라고 생각한다. 제조 기업에서의 성장은 정당한 평가에 의해서 실력을 갈고닦으면서 성공신화를 창출하는 것이라고 생각한다. 철저한 프로의식을 가지고 혹독한 평가를 받으며, 성장해야 한다는 Mind를 가지고 있어야 한다. 신입사원이 입사 대상 회사를 결정할 때 회사에 평가 시스템이 있는지를 역으로 회사를 평가한 후에 입사를 결정하는 것도 좋은 방법이다. 왜냐하면 평가를 제대로 하지 못하는 회사는 반드시 관리상 문제가 많은 회사이기 때문이다.

제조 기업에서 이루어지는 모든 행위와 결과에 대해서 평가 시스템이 운영되지 못하면 반드시 불공평한 불이익을 받는 사람이 생겨나게 마련이고, 조직 관리에 문제가 발생할 수밖에 없기 때문에 평가 시스템 운영은 기업 경영의 핵심관리 항목이라고 생각한다.

대기업은 평가에 의한 연봉과 승진 결정의 중요한 관리 항목으로 자리 잡고 운영하고 있으나, 그 외 중견, 중소기업에서 평가 시스템을 잘 운영하는 회사는 별로 없다. 이런 경영관리의 취약성 때문에 인재가 오래 있지 못하고 퇴사하고, 업무능력과 노력보다는 요령과 얇은 재주만 부리는 인재(人在)가 능력을 인정받거나 무능력한 오너의 친인척이 회사의 실세 구조로 되어 있는 회사는 대체적으로 경쟁력이 없다.

그 원인은 평가 시스템 관리 부재(不在)라고 생각한다. 공정하고 정확한 평가 체제 운영은 기업의 경쟁력을 유지하고 강화하는 기본적인 관리 시스템으로서 이러한 평가 시스템 운영이 기업의 인재(人才)와 전문가로 성장시키는 것이라고 생각한다. 반대로 문제 있는 직원이 편히 놀 수 없는 환경을 구축하여 열심히 일할 수밖에 없는 구조로 경영환경을 개선하는 것이 관리 시스템의 기본이라고 생각한다.

여러 번 언급을 했지만 평가 시스템을 운영하기 위해서는 목표관리를 해야만 가능하다고 이야기를 했고, 다음의 사례는 연간 목표관리를 하는 회사의 관리자 평가를 위한 내용에 대해서 소개하고자 한다.

○ 연간 개인 업적평가표 사례

00사 2010년 업적평가표

직책: 생산과장   성명:

구분	항목	관리지표 명	가중치	09년 실적	2010년 목표	2010년 상반기평가	2010년 하반기평가	2010년 종합평가
정량적 평가	경영지표	인당 매출액	5					
		인당 이익률	10					
		외주비율	5					
		재고비율	5					
		소계	25					
	성과지표	CNC설비가동률	5					
		후공정 설비가동률	10					
		종합불량률	5					
		품질Claim율	10					
		납기준수율	5					
		생산계획 정확도	5					
		소계	40					
정성적 평가	역량지표	MES 안정화	5					
		이직율 관리	5					
		혁신활동 참여도	5					
		다면평가	10					
		임원 임의평가	10					
		소계	35					
	Total		100					

대기업의 경우 좀 더 복잡하게 평가하기도 하지만 복잡하다고 좋은 것은 아니라고 생각한다. 이 사례는 제조기업의 생산과장을 평가하는 경우인데 회사 경영 측면에서의 경영지표가 있고, 경영지표를 달성하기 위해서 생산과장으로서 관리해야 할 성과지표, 그리고 생산과장으로서의 역량을 평가하는 역량지표로 크게 3가지 영

역으로 구분했다.

경영지표는 관리자 전원이 달성해야 하는 회사의 목표로서 전체 평가항목의 20%~30% 수준으로 했고, 성과지표는 해당부서의 부서장이 달성해야 할 평가항목으로서 40%~50% 수준으로 정하고, 역량지표는 관리자의 업적평가 이외에 매년 회사의 공통적인 중점관리 항목과 다면평가를 가지고 전체 평가의 40%~20%를 평가하여 균형 있는 평가 시스템을 구성하였다. 이를 바탕으로 연 2회 평가하여 연말 종합점수로 평가를 한 후 그 결과를 가지고 내년도 연봉을 결정하는 방식이다.

중견, 중소기업에서 상기의 업적평가표가 관리되기 위한 목표관리 수립에서 평가까지의 방법을 사례를 통해서 설명하고자 한다.

1) 경영목표 달성을 위한 팀별 목표관리 지표 명확화

부문	관리지표	단위	2009년 실적	2010년 목표
경영	인당매출	원		
	인당이익률	%		
	제조원가비율	%		
	재고비율	%		
품질	고객Claim	ppm		
	품질실패비용	원		
	외주 수입검사 불량률	%		
	원자재 Lot불량률	%		
	출하검사 불량률	%		
자재	재료비율	%		
	재고비율	%		
	재고 정확도	%		
	장기 재고금액	원		
	결품시간(월)	분		
제조	CNC 달성률	%		
	후 공정 달성률	%		
	전체 공정 불량률	%		
	CNC 인당생산성	대		
	다기능률	%		
	설비가동률	분		
	품질Claim율	PPM		
영업	월 매출 달성율	%		
	재고금액비율	%		
	납입준수률	%		
	저 부가가치 정리율	%		
	물류비비율	%		
	외주비 비율	%		
혁신	CYCLE 단축(CNC)	%		
	불합리 개선 건수	건		
	순간정지 개선건	건		
	예비부품 절감률	%		

경영자의 내년도 경영방침의 기준하에 경영목표 달성을 위한 부서별 협의 및 부서 간 회의를 통해서 결정된 목표관리 항목이다.

2) 목표 달성을 위한 부서별 세부 달성 방안 수립(Master Plan)

수립된 목표를 어떻게 달성할 것인가에 대한 Plan을 수립하는 것이 관리자의 업무 중에서 가장 중요한 업무이다.

경영지표를 달성하기 위한 부서별 목표관리 항목이 결정되면, 이때부터 부서별로 목표달성 계획을 수립해야 한다. 품질 부서를 사례로 순서적으로 설명하기로 하자.

2010년 품질 목표관리 항목(KPI)

NO	품질표지	단위	2009년 실적	2010년 목표	1분기	2분기	3분기	4분기	비고
1	원자재 LOT성 불량률	%	%	1분기 data로					LOT불량 건/ 검사LOT수
2	수입검사 불량률(외주)	%	2.95%	1.50%	2.5	2.1	1.8	1.5	수입검사LOT불량 건/ 수입검사LOT건수
3	출하검사 불량률	%	0.62%	0.40%	0.55	0.5	0.45	0.4	고객 불량LOT수/ 출하검사LOT수
4	고객Claim율	ppm	163ppm	80ppm	140	120	100	80	업체별 불량 합계
5	품질실패비용	만원	5,310,000원	300만원	400	350	320	300	고객+공정+재작업

품질부서의 목표관리 항목을 명확히 하고, 이 목표를 달성하기 위한 Master Plan을 수립한다.

2010년 품질 부문 중점 추진 Master Plan

NO	품질 KPI	과제 선정	공정	현수준	목표	납기	담당자	부서
1	고개 Claim율 (80PPM)	1) 사내 공정 변경점 이력 관리 정착화	전공정	無	100%	변경시		품질 생산
		2) 월 별 사내공정 Audit 실행 (Audit항목 재정립)	전공정	월1회	월1호	매월		품질
		3) 공정 순회 점검 재정립	전공정	기록작성 12월01일	매일 기록작성	01월 10일~		품질
2	품질실패비용 (300만원) 출하검사 불량률(0.4%)	1) 불량방지/예방관리를 위한 개선대책 실행율 평가.	전공정	100%	100%	매주		품질 생산
		2) WORST 제품 집중개선 (양산중인 제품 불량 DATA 분석	전공정		WORST 불량 50% 감소	매월		품질 생산
		3) 제품 구조 불합리 개선 (고객사 연계한 불합리 제품 구조 개선 -.신규 개별 초품 조기 안정화 SYSTEM 구축	전공정	無	양산 1개월내 품질 안정화	양산 1개월내		품질 생산
3	외주 수입검사 불량률(1.5%)	외주 가공업체 품질 Audit 실행	협력사	無	업체별 분기1회	분기1회		품질
4	원자재 LOT성 불량률(%)	원자재 수입검사 정착화를 통한 원자재성 문제로 인한 개선활동 실시(수입검사 항목 설정 및 개정)	수입 검사	11종/100% 검사 월1회 현장투입	월1회이내 원자재성관리	매월		품질
5	인재양성	관리자 및 품질 담당자 사외 교육 추진	관리자	3회	관리자전원	12월30일		전부서

　품질부서의 품질목표 달성을 위한 KPI를 가지고 이를 달성하기 위한 과제를 선정하고 각 과제에 대한 현 수준 및 달성 목표를 선정한다.

　이렇게 정리된 품질부분의 Master Plan을 가지고 각 과제별 목표달성 방안을 수립한다.

추진명 : 불량방지/예방관리를 위한 개선대책 실행율 평가
목표 : 100% → 100% 이상
추진 담당자 :

항목	세부 추진 내용	담당	09년 12월	2010년 1월	2월	3월	4월	5월	6월	7월	8월	9월	10월	11월	12월
현상 파악	4/4분기(10월~12월) 현장 적용율 현상파악 10월 : 11건 중 11건 현장 적용됨. 11월 : 7건 중 7건 현장 적용됨.	장대리													
업무 Process	불량 발생시 생산 시정조치 발행 업무 Process 수립 -.고객 Claim: 100% 발생 (D+0: 당일 조치결과 발행) -. 사내 불량: 일일 실적분석 회의시 불량 대책수립 항목	장대리	완료												
과정 관리	시정조치 대책서 접수 관리 (01/04~)	김주임													►
	시정조치 항목 관리 List 작성 (01/04~)	김주임													►
	일일 일정 완료여부 확인(01/04~)	정과장													►
	월 1회 품질 간담회 실시.(01/04~) (외주가공 수입 검사 불량 업체 필히 참석)	정과장													►
정기 보고	주간 단위 적용율 실적 정리/보고 및 발표	김주임 정과장													
	월간 실적 목표대비 실적분석 보고	김주임 정과장													

　목표달성을 위한 Master Plan 수립 및 달성과제가 수립되면 각 부서별 월 1회 목표 대비 실적을 관리하여 집계를 한다. 품질 부서의 사례로 보면 품질부서 내 담당자들의 목표를 세분화하여 팀장부터 주임급(사무 관리자)까지 월별 평가를 실시한다.

　월별 평가 후 반기에 1회 평가결과를 집계해서 연말에 관리자들을 대상으로 평가를 실시한다.

○ 품질부서 평가관리 Sheet

구분	항복	관리 지표 명	주임	대리	과장	10년 상	10년 하	10년 종합
정략적평가	경영 지표 (공통)	인당 매출	5	5	5			
		인당 이익률	5	5	5			
		제조원가 비율	10	10	10			
		재고비율						
		소계	20	20	20			
	성과 지표 (부서)	사내 종합 불량률	5	5	10			
		고객 불량률	5	5	5			
		고객 LOT불합격	5	10	5			
		원자재 수입검사 불량률		5	5			
		외주 수입검사 불량률	10		10			
		출하검사 불량률	5	10	10			
		사내 실패비용	10					
		고객 실패비용	5	10				
		재작업 실패비용	5	5				
		전체 실패비용			10			
		고객 Claim 건수	10	10	5			
		소계	60	60	60			
정성적평가	역량 지표 (상사)	M.E.S 안정화(재고 정확도)	5	5	5			
		혁신활동 참여도	5	5	5			
		임의평가	10	10	10			
		소계	20	20	20			
		TOTAL	100	100	100			

직급별 평가항목과 가중치가 조금씩 차이가 난다.

지금까지 목표를 수립해서 평가까지 사례 위주로 설명을 했는데, 사례를 통해서 설명했기 때문에 좀 더 이해하기 쉬웠을 것이라고 생각한다. 제조 경쟁력을 구축하는 기본은 평가System을 구축하는 것에서 시작한다는 것을 명심해 주기 바란다.

○ 다면평가표

핵심역량	배점	평가 항목	평가척도
인재제일	8점	◇ 주어진 권한과 책임을 바탕으로 소신껏 업무를 추진하고 결과에 책임진다.	① ② ③ ④ ⑤
		◇ 설정한 업무목표는 타인의 관심여부와 관계없이 끝까지 수행한다.	① ② ③ ④ ⑤
최고지향	8점	◇ 고객의 불만과 경험은 겸허하게 경청하며 문제해결을 위해 최선을 다한다.	① ② ③ ④ ⑤
		◇ 강한 승부욕을 가지고 달성이 어려운 과제도 긍정적으로 수행한다.	① ② ③ ④ ⑤
변화선도	8점	◇ 「먼저, 빨리, 제때, 자주」의 스피드경영을 실천하고 있다.	① ② ③ ④ ⑤
		◇ 한번 하기로 결정된 일에 대해서는 내 일처럼 협력한다.	① ② ③ ④ ⑤
정도경영	8점	◇ 공과 사를 명확히 구분하여 행동하고 사적이익을 추구하지 않는다.	① ② ③ ④ ⑤
		◇ 경영원칙을 준수하고 잘못된 점을 보면 지적하고 고친다.	① ② ③ ④ ⑤
상생추구	8점	◇ 목표달성을 위하여 타인, 타 부서와의 협력을 적극 추구한다.	① ② ③ ④ ⑤
		◇ 관심과 배려를 통해 동료의 고충해결과 삶의 질 향상을 위해 노력한다.	① ② ③ ④ ⑤
비전제시	15점	◇ 부서원의 관심을 유도할 수 있는 긍정적 비전과 목표를 주기적으로 제시한다.	① ② ③ ④ ⑤
		◇ 경영환경에 대응하여 진로와 업무방향에 대해 부서원들과 공감대를 형성한다.	① ② ③ ④ ⑤
		◇ 팀원들의 공감할 수 있는 업무 및 조직의 Vision과 청사진을 제시한다.	① ② ③ ④ ⑤
리더십	15점	◇ 타인에게 자신의 입장을 설득력 있게 설명하고 협력을 유도한다.	① ② ③ ④ ⑤
		◇ 적절한 보상/인정 및 다양한 사기진작방안을 강구, 부서원의 사기를 고취한다.	① ② ③ ④ ⑤
		◇ 신뢰할 수 있고 개방적이며 창의적이다.	① ② ③ ④ ⑤
의사결정	12점	◇ 필요한 시기에 신속히 결정하고 결과에 대하여 책임을 지다.	① ② ③ ④ ⑤
		◇ 여러 사람의 견해를 적극적으로 찾는다.	① ② ③ ④ ⑤
		◇ 더 나은 대안에 대하여 자기의 결정을 고집하지 않고 대안을 흔쾌히 수용한다.	① ② ③ ④ ⑤
업무 추진력	9점	◇ 업무수행과정을 주도적으로 리드한다.	① ② ③ ④ ⑤
		◇ 업무 단계마다의 의사결정을 신속히 처리하고 의사결정이 늦어지더라도 일단 목표를 향해 액션을 취한다.	① ② ③ ④ ⑤
		◇ 업무시작부터 완료시까지 주도적으로 인력들을 개입시키고 자원을 집중하여 업무가 원활히 추진되도록 리드한다.	① ② ③ ④ ⑤
명확한 지시	9점	◇ 목표나 요구사항에 대해 명확하고 상세하게 제시, 설명한 후 지시한다.	① ② ③ ④ ⑤
		◇ 단순한 업무 지시뿐 아니라 수행에 대한 책임감도 부여한다.	① ② ③ ④ ⑤
		◇ 목표 또는 업무를 달성할 때까지 지속적으로 확인하고 의사소통한다.	① ② ③ ④ ⑤
		피평가자의 장점: 단점:	

다면평가의 목적은 피평가자를 대상으로 상사, 동료, 부하사원이 판단하는 개인의 업무적인 역량을 평가하여 반영함으로써 리더십, 변화의식, 업무 추진력 등을 종합적으로 평가하는 것이다.

주먹구구식 관리방식에서 탈피하여 관리체계를 구축하기 위해서 최소한 4가지 관리 시스템이 운영되어야 한다고 이야기했다.

생산관리 시스템, 표준화 관리 시스템, 업무 프로세스 구축은 제조활동을 체계적으로 하기 위한 시스템으로서 필요하고, 평가 시스템은 제조활동의 개념보다 경영관리 차원에서 전 직원에 대한 공정한 평가, 관리를 통해서 인재가 개발되고, 해당 분야의 전문가로 육성할 수 있는 조건을 구축하는 것이라고 생각한다.

훌륭한 인재가 입사해서 1년을 버티지 못하고 퇴사하거나, 아예 중소기업 입사를 기피하는 문제가 자연스런 현상이 되고, 어쩔 수 없이 입사하여 근무하다가 더 좋은 조건의 회사가 나타나면 주저 없이 회사를 떠나는 중소기업의 인재부족 현상을 생각 있는 경영자라면 가장 큰 문제라고 인식을 하고 있지만 뾰족한 방법을 찾지 못하고 있는 것이 지금의 중소기업 현실이 아닌가 생각한다.

아마도 이런 문제는 중소기업 스스로 해결하지 못하면, 시간이 갈수록 인재확보는 해결하기 힘든 경영문제로 대두될 수밖에 없다고 생각한다. 과거 80년 학번의 대졸자의 경우, 그들의 부모님 세대는 사회생활의 개념이 조건과 환경, 인생의 가치를 따지기 이전에 생존의 문제였기 때문에 개인의 요구보다 회사의 요구가 우선시했던 시대에 살았고, 그러한 영향을 그대로 물려받은 자식세대에 역시 묵시적인 영향을 받아 불합리한 회사의 요구를 수용하고, 충성하는 사회생활을 해 왔다고 볼 수 있다. 하지만 2010년을 살고 있는 현재의 경영방식은 합리적이고, 객관적인 기준으로 관리되는 시스템이 없으면 앞으로의 중소기업의 희망은 없다고 생각한다.

따라서 이런 시대적인 변화 추세에 맞추어 기업의 관리 방법도 변해야만 생존할 수 있다고 생각한다.

04. 무지(無知)한 관리

의사소통을 어떻게 해야 하는지 모르고, 목표관리가 왜 조직을 효율적으로 관리하는 방법이 되는지 모르고, 관리의 기준과 원칙 없이 한두 사람의 영향력을 바탕으로 기업을 운영하는 사람들에게 해 줄 수 있는 메시지는 "관리하는 방법을 너무 모르고 있습니다." 라고 말하고 싶다. 지금까지 그러한 무지(無知)한 관리임에도 불구하고 기업을 발전시켜 왔다면 그 원인은 2가지로 분류해 볼 수 있다. 첫째는 부모님으로부터 사업체를 물려받아 기업을 운영하고 있으면서 다행히 제품의 특성과 장점으로 경쟁이 크게 치열하지 않은 사업영역을 가진 경우이다. 둘째는 불굴의 장인정신으로 기술자로서 연구자로서 성공한 기업이다. 이런 기업의 오너의 특징은 대부분 독불장군식 경영으로서 주먹구구식 경영의 대표적인 Case라고 할 수 있다.

하지만 앞으로의 기업 환경 변화를 보면 아무리 특수한 업종의 특허가 있는 제품이라 해도 더 이상의 발전에는 한계를 느끼고 고민 중에 있는 오너들이 많을 것이다.

우선 이러한 문제가 발생한 근본원인을 휘하에 있는 임원, 간부들에게 원인을 돌리지 말고 오너 본인의 문제임을 깊이 있게 반성해야 한다고 생각한다. 아무리 똑똑한 임원이라 해도 오너의 불합리한 경영방식, 남의 말을 듣지 않는 오너의 뜻을 거스를 수는 없다. 결국 하고 싶은 이야기는 오너의 수준이 곧 그 회사의 수준이라는 것이다. 과거의 성공 경험을 추억으로 삼고 현상유지에 만족을 하며 살아갈것인지, 다시 한 번 발전을 위해 신발끈 단단히 메고 뛸지는 오너의 마음이지만, 다시 한 번 발전을 하기 위한 원동력이 이젠 더 이상 장인정신과 불굴의 투지로 해결될 수 없다는 현실이다. 인재가 필요한 것이다.

　내가 생각하는 기업의 인재란 2가지 부류로 구분한다. 1% 인재는 정말 머리가 비상하고, 1인 다역의 역할을 거뜬히 처리하며 무엇이든 믿고 맡길 수 있는 인재로서 전체 직원의 1% 내에 속하는 인재이고, 99% 인재는 자기 해당 분야의 전문가가 되기 위해 노력하고, 맡은 바 업무에 충실한 열정을 가진 인재를 의미한다. 1% 인재는 타고난 것이지만, 99% 인재는 회사 조직 내에서 함께 성장하며 육성하는 인재로서 미래가 있는 회사에는 이러한 99% 인재가 도처에 발견되고, 개선의 주역으로 근무를 하는 모습을 볼 수 있다.

　인재, 이것이 기업의 미래이고 힘이라고 생각하는데 인재를 양성하는 데 인색한 중견, 중소기업의 현실이 안타깝다.

　이런 무지, 무식한 관리에서 벗어나 끊임없는 학습에 의한 인재개발을 통한 기업혁신의 살아 있는 사례로서 웅진그룹에 대한 이야기를 하고자 한다.

1980년 직원 7명으로 연 매출 1억 원에서 시작하여 2009년 14 개 계열사를 가지고 매출액 5조 2,000억의 웅진그룹으로 성장하게 된 원동력은 무엇인지 생각해 보자.

1. 윤석금 회장의 교육 경영 철학의 힘

- 매주 월요일 오후 4시에 15개 계열사 임원들은 서울 종로타워 인재개발실에서 출석부에 사인을 하고 교육을 받는다.
- 출석률은 연말 성과급과 승진 심사에 반영되며, 윤 회장은 "임원을 하려면 업무시간의 절반 정도는 교육을 받아야 한다는 원칙을 3년 전에 세우고 이런 교육과정을 만들었다."고 한다.
- "시장은 시시각각 변하는데 묵은 지식으로 어떻게 변화를 쫓아가느냐."며 중대 의사결정을 할 임원이 무식하면 아랫사람의 아이디어를 죽인다고 말한다.
- 정말이지 존경해야 할 분이라고 생각한다. 윤 회장의 이런 교육에 대한 경영철학의 힘이 웅진그룹을 성장하게 한 가장 큰 원동력이라고 생각한다.

경제 "무식한 윗사람이 아랫사람 아이디어 죽여"

기사 나도 한마디(1)

일요일마다 임원 교육시키는 웅진 윤석금 회장

4일 오후 3시50분쯤 서울 종로타워의 웅진그룹 인재개발원실. 15개 계
열사 상무보급 이상 임원 중 해외 출장자 셋을 제외한 65명이 다 모였
다. 도착한 순서대로 출석부에 사인하고 제자리를 찾아 앉았다. 웅진코
웨이와 새한의 공장이 각각 있는 충남 공주와 경북 구미에서 올라온 임
원들 얼굴도 보였다. 이날은 웅진그룹의 임원 대상 웅진최고경영자(WE
-MBA) 과정 개강일.

윤석금(사진) 웅진 회장은 정확히 4시가 되자 임원들 앞에 나타났다.
"질문을 많이 하고 열심히 토론해야 해요. 임원 교육을 적극적인 마음
가짐으로 받아야 웅진이 살아 있는 조직이 됩니다."

웅진 임원들은 이날부터 12월 초순까지 33주간 매주 월요일 세 시간씩 최신 경영 트렌드와 마
케팅 전략 리더십 등을 배운다. 해외 출장 같은 부득이한 사정을 제외하면 불참은 불가다. 출석
률은 연말 성과급과 승진 심사에 반영된다. 아무리 중요한 결재 사안이 있어도 강의 후로 미뤄
진다.

출처 : 2008년 02월04일자 중앙일보 경제 면

2. 윤 회장 본인의 긍정적인 생각과 태도의 실천을 통한 위기
를 기회로 바꾸는 힘

- 성공한 이후에도 매일 아침 거울로 본인 얼굴을 보며 긍정의 마
  음과 자신감을 다짐하는 일과를 30년 넘게 반복하고 있다는 그
  룹 총수의 솔선수범의 정신

- 기업의 오너가 교육의 중요성을 실천하며 항상 긍정적인 생각으
  로 모범을 보이는 조직은 발전할 수밖에 없는 것 아닌가?

▲ 웅진그룹 윤석금 회장

윤석금 회장 경영철학서 펴내

웅진그룹 윤석금 회장이 자신의 38년 기업 인생을 회고한 경영철학서 '긍정이 걸작을 만든다'(리더스북 간)를 27일 냈다.

1971년 백과사전 세일즈맨으로 직장 생활을 시작한 윤 회장은 당시 경험을 바탕으로 80년 웅진씽크빅을 창업했다. 창업 직원은 총 7명이었고 연 매출은 1억원을 밑돌았다.

그는 이 책에서 세일즈맨으로서의 도전과 성공, 80년 허름한 사무실에서의 창업 스토리, 음료 시장을 깜짝 놀라게 했던 웅진식품 성공 신화, IMF 외환위기 시절 '발상의 전환'을 통해 도입한 웅진코웨이 렌털(rental) 판매 도입 등의 경험을 털어놓으면서 평소 신념인 '긍정의 힘'을 역설했다.

"긍정적인 생각과 태도가 없었더라면 수많은 위기를 기회와 환희의 순간으로 바꿀 수 없었을 것입니다." 그는 "기업을 경영하면서 삶에 대한 태도를 정립하게 됐고 그 경험을 더 많은 젊은이들에게 알려주고 싶었다"고 밝혔다.

윤 회장은 특히 "꿈이 현실로 바뀌는 것은 긍정적인 생각에서 시작된다"며 "요즘도 매일 아침 거울로 내 얼굴을 보며 긍정의 마음과 자신감을 다짐하는 일과를 30년 넘게 반복하고 있다"고 강조했다.

출처 : 2009년 08월27일자 조선일보 사회 견

기업이 성장, 발전하는 방법적 모델을 보여주는 웅진그룹의 사례를 정리해 보면 다음과 같은 배울 점이 있다고 생각한다.

1. 생각을 변화시키고, 업무능력을 향상시키는 유일한 방법은 '교육'이라는 기본에서 시작된다는 윤석금 회장의 경영철학

2. 긍정적인 생각과 태도의 변화를 통한 위기를 기회로 전환하는 힘

3. 윤 회장의 말씀 중에서 기억나는 다음의 4가지 문구는 기업 오너들이 음미해 볼 만한 글이라고 생각한다.
- 무식한 윗사람이 아랫사람 아이디어를 죽인다.
- 교육을 얼마나 시키느냐가 기업 경쟁력의 핵심이다.
- 임원을 하려면 업무시간의 반은 교육을 받아야 한다.
- 직원들 근무시간의 반을 교육시간으로 채우는 것이 목표이다.

성공한 기업의 훌륭한 사례에 비해 우리 주위에서 흔히 볼 수 있는 무지, 무식한 관리의 일반적인 현상에 대해서 이야기해 보자.

문제현상

1. 인재 무지(人才無知)
인재(人才)를 알아보는 능력이 없거나, 인재를 중요시하지 않는 기업문화로 인해서 人在(있어도 되고 없어도 되는 직원)와 人災(회사에 있으면 해가 되는 직원)가 가득한 회사
- 누가 人才인지 판단 기준이 모호한 회사
- 보통 이런 회사는 오너 본인이 人才로 착각한다.

2. 교육 무지(教育無知)
입사 10년이 넘었어도 직무관련 교육 한번 제대로 받지 못한 관리자가 수두룩한 회사
- 이런 회사의 관리자들은 자기의 의견을 논리적으로 표현하지도

못하고, 남들 앞에서 발표도 제대로 하지 못한다.

3. 관리기술 무지(管理技術 無知)

대형 사고성 불량이 발생하면 정확한 원인 분석을 통한 재발방지 대책을 세우지 못하고 잊을 만하면 문제를 재발시키는 무능력한 관리능력

- 문제가 발생하면 서로 책임을 전가하고, 자기가 무엇을 잘못했는지도 모르는 관리자
- 문제가 발생한 원인을 알려주고, 대책을 논하는 상사는 없고, 문제가 발생된 결과만을 질책하는 무능한 상사가 가득한 조직

이런 현상을 3無 현상이라고 정리를 했는데, 3無 현상 중에 한 가지 현상이라도 발생하는 회사는 미래가 없는 회사라고 생각한다. 왜 이런 현상이 발생하는 건지 생각해 보자.

원 인

1. 대부분 이런 현상이 발생하는 참원인을 분석해 보면 회사 오너의 교육에 대한 중요성을 인식하지 못하는 경우에 발생한다
- 국내 중견그룹으로서 수십 개의 계열사를 보유하고 있는데 그룹사의 직원들을 체계적으로 교육시킬 만한 교육장이 없는 경우, 대부분 그 그룹의 오너는 교육의 중요성을 인식하지 못하고, 교육비를 낭비라고 착각하는 경우가 많다.

- 이런 중견 그룹의 경영실적을 보면 대부분 겨우 적자를 면하거나, 적자가 발생되고 있는데, 대책을 주로 직원 수를 감소하는 것을 방법으로 알고 악순환을 반복하고 있다.
- 이런 회사는 열심히 웅진그룹을 벤치마킹하면서 개선의 노력을 하든가 아니면 회사를 최대한 축소하는 소극적인 경영방식을 택해야 하는데 어떤 방법이 바른 경영방식인지 반성해야 하지 않을까?

2. 어떻게 해야 발전할 수 있는지 알고 있으면서, 현재 안 되는 이유에 너무 충실히 포기하는 안일한 경영진의 사고방식이 회사를 병들게 한다

- 명확한 비전(Vision) 없이 안일한 기업문화로 인한 원인
- 많은 회사의 경영진들은 만나서 문제점에 대해 이야기를 해 보면, 노조와의 갈등으로 인해 관리상의 어려움을 이야기한다. 협조를 안 해서, 다 아는 이야기인데 현장에 적용하는 것이 힘들다는 의견이 많은데, 반대로 오너의 입장에서 보면 이런 문제를 해결하라고 경영진이 필요하고 간부가 필요한 것 아닌가?
- 이런 회사의 경영진은 자리에 연연하며, 열정이 식은 사람들이 많고, 노조원에게 눈치 보며 근무하는 관리자가 많다면 그런 회사의 미래는 잘 보이지 않는다.

3. 경험기술을 가지고 제조 활동하는 것이 최고의 방법이며, 관리기술은 형식적이며 불필요하다는 고정관념을 가지고 있기 때문에 직원들을 대상으로 하는 교육 자체를 중요시하지 않는

기업문화가 무지, 무식한 관리자를 양성한다

– 이런 기업문화는 조립산업보다는 장치산업에 존재하는데 장치
  산업은 특성상 많은 설비 투자가 필요하기 때문에 중소기업이
  아닌 중견기업에서 발생하고 있다. 오랜 근무 연수에 의한 경
  험 위주의 제조 운영이 폐단이라고 생각한다.

해결방안 1 : 체계적인 교육 Program 운영

미래를 위한 투자 없이 미래를 보장할 수는 없다. 기업에서의
미래를 위한 준비는 신제품 개발을 통한 새로운 고수익 제품의 개
발과 인재양성이라고 생각하는데, 신제품 개발을 통한 고수익의 신
제품 개발 역시 인재를 통해서만 가능하다는 점에서 보면 기업의
인재양성은 그 회사의 미래를 좌우한다고 생각한다. 이런 인재는
1% 인재보다는 99% 인재에서 시작된다는 기본철학을 바탕으로
인재양성에 심혈을 기울여야 한다고 생각한다. 그런데 인재양성에
인색한 기업이 생각보다 많고, 그 결과 국내의 중견기업에서 세계
일류 제품이 개발되고 꽃을 피우는 사례가 매우 적은 것이 우리의
현실이다.

체계적인 교육 Program을 어떻게 운영하는지에 대한 구체적인
방법에 대해서 언급할 필요는 없다고 생각한다. 조금만 관심을 가
지면 대기업의 교육정책은 어떻게 운영되는지, 성공한 기업의 교육
Program은 어떤지 쉽게 얻을 수 있다.

다만 기업의 발전과 성공을 위해서 직원들의 교육이 얼마나 중

요한 기업경영 관리의 핵심인지를 강조하고 싶다. 다시 한 번 이야기하지만 교육부분에 관심이 있다면 웅진그룹의 교육시스템이 어떻게 운영되는지 조사해 보기 바란다.

다음의 사례는 공정간 다기능화를 통한 Flexible한 작업을 위해서 필요한 공정의 중요한 작업내용을 List하여, Cross교육을 실시하기 위한 다기능 교육 List이다.

생산 현장에서의 다기능공 육성은 경영효율을 위해서도 매우 중요한 관리항목으로서 단기간에 효율적인 다기능화를 위해서 역시 교육의 힘이 필요하다. 일반적으로 다기능화를 위해서 공정 간 작업자를 Cross하게 배치하여 일정 기간 동안 신규작업에 대한 업무를 배우는 데 소요되는 기간이 필요하고 이런 기간 동안에 작업 Miss로 인한 불량 발생이 우려된다.

이런 문제로 인해서 다기능화를 실천하기 어려운 점이 많다. 이런 문제를 단기간에 해결하면서 다기능의 목적을 이루기 위해서는 공정별 다기능을 위한 직무교육을 병행할 경우 시행착오를 줄이며 비교적 단기간에 목적을 달성할 수 있다고 생각한다.

○ 다기능 훈련 업무 Process

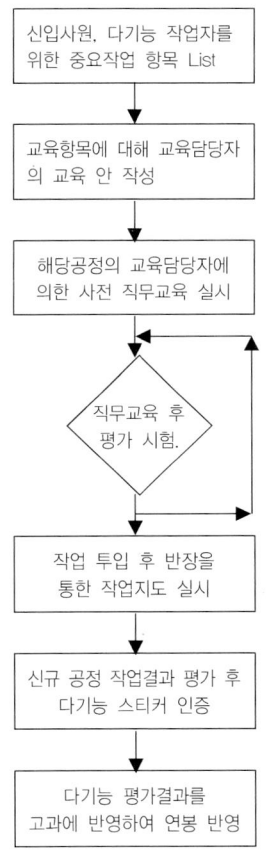

신입사원, 다기능 작업자를
위한 중요작업 항목 List

↓

교육항목에 대해 교육담당자
의 교육 안 작성

↓

해당공정의 교육담당자에
의한 사전 직무교육 실시

↓

직무교육 후
평가 시험.

↓

작업 투입 후 반장을
통한 작업지도 실시

↓

신규 공정 작업결과 평가 후
다기능 스티커 인증

↓

다기능 평가결과를
고과에 반영하여 연봉 반영

─. 조기에 숙련자 양성을 위한 해당
   공정의 중요 작업 항목을 List

─. 공정 조기적응을 의해 필요한 교육항목별
   교육 안을 핵심내용 위주로 요약정리를 하
   여 교육 대상자에게 이론적 교육 실시
   (교육 안은 1Page OPL양식 활용)

─. 교육 후 평가시험을 통해 60점 이상은 합
   격, 미만은 불합격 처리

─. 신규 투입한 작업자는 일일 작업일지를 작
   성, 결재토록 함.
─. 2주1회, 4주 2회 작업평가를 통해서 다기
   능 스티커 인증을 실시함.
   .단순 작업: 4주 후 평가
   .설비조작 작업: 8주 후 평가

─. 다기능이 가능한 직업자와 단순 작업자의
   연봉 평가를 철저히 집행

해결방안 2: OPL을 통한 현장에서의 살아 있는 교육실천

연간 교육계획에 따른 운영은 전사차원에서 교육투자를 진행, 운영하고, 제조현장은 일정한 직무교육을 받은 작업자 및 조·반장을 중심으로 공정별로 개선내용을 정리하여 개선 결과를 월 1회 정기적인 발표대회를 운영하면 대부분 기대 이상의 효과가 발생하는 것을 경험할 수 있다. 현장 스스로 문제점을 발굴할 수 있는 교육을 통해서 교육의 결과를 현장에 실천해 보는 기회의 장으로 활용하면서 많은 유형, 무형의 효과를 얻을 수 있는데, 회사 측면의 유형 효과 이외에 현장 작업자 스스로 작업에 대한 자긍심과 스스로 문제를 발굴, 개선하면서 업무능력이 향상됨을 느끼고 보람을 느낄 수 있다.

이러한 방법은 대기업을 포함하여 대기업의 우수 협력사에서 습관화된 활동인데, 국내 많은 중견, 중소기업에서는 거의 진행되지 않고 있는 것으로 알고 있다.

작지만 강한 제조기업을 만들 수 있는 기본은 강한 제조현장을 만드는 것이고, 강한 제조현장을 어떤 방법으로 구현하느냐가 중소기업의 1차 목표라고 생각한다. 하지만 강한 제조현장을 만드는 일이 얼마나 힘든 일인가? 반대로 강한 제조현장을 만들기 위해서 현재의 문제점은 무엇인지를 정리해 볼 필요가 있는데, 안 되는 이유를 역으로 가능하도록 하는 발상의 전환이 필요하다. 많은 기업을 방문하여 강한 제조현장을 구축하기 어려운 이유를 정리해 보면 다음과 같다.

1. 현장의 조장, 반장이 작업에 투입되기 때문에 관리자로서의 역할이 힘들다.

2. 조, 반장이 개선과 관리를 위한 업무를 어떻게 하는지 모르기 때문에 작업을 한다.

3. 현장에서 오랜 기간 동안 작업만 해 왔기 때문에 머리 쓰면서 개선하는 일에 익숙지 않다.

4. 노조의 반대로 현장에서 작업 외의 업무를 진행하는 데 반대가 심하다.

5. 열심히 개선하면 작업자가 감소되는 문제는 우리의 생존과 직결되어 있기 때문에 개선 자체에 거부감이 많다.

6. 제조현장을 관리하는 상위 관리자가 개선에 관심이 없기 때문에 해야 할 이유가 없다.

7. 현장 개선을 함부로 하면 사장님에게 야단맞는다.

8. 돈이 드는 개선을 해서 혹시 효과가 나지 않으면 상사에게 질책받는다.

9. 사무실 관리자는 열심히 안 하는데 왜 우리 현장만 열심히 개선해야 하느냐, 의욕이 없다.

10. 개선을 하면 회사만 좋아지고 현장만 피곤해진다.

제조현장의 관리상태가 엉망인 회사의 조, 반장, 작업자들과 인터뷰해 보면 대부분 위의 10가지 이유를 이야기한다. 이러한 제조현장에서 어떻게 강한 기업으로 발전할 수 있을까?

이런 이유를 들을 때마다 이 회사의 경영자, 관리자들은 도대체 무엇을 하고 있는지, 무엇을 경영하고, 관리하고 있는지 참으로 궁금하다.

제조기업이 스스로 살아 움직이도록 만드는 방법이라 함은 일상적으로 목표된 생산수량을 열심히 생산해 내는 것이 다는 아니다. 생산활동을 어떻게 하면 효율적으로 할 것인지를 고민하는 흔적이 현장에서 발견되어야 하는데 그런 의미에서 정기적인 현장 개선 결과 발표대회는 매우 중요한 관리의 수단이자, 좋은 관리의 결과라고 생각한다.

현장 스스로 자주개선 활동을 추진하는 개선의 대상은 현장에 존재하는 불합리를 개선하는 불합리 발굴 활동이고, 발굴의 대상은 제조현장에 존재하는 7대 낭비의 발굴과, 3정5S 측면 불합리를 발굴하는 활동으로서 제조현장에서 발생되는 모든 불합리, 불균형, 불일치, 즉 3不을 제거함으로써 좋은 품질을 유지하면서 높은 생산효율을 추구하기 위한 현장 개선활동이다.

이런 현장 개선 활동내용을 불합리 발굴 활동이라고 하고 대부분 혁신활동이 정착되어 있는 회사에서 진행되고 있다.

불합리 발굴 활동을 즉실천 활동이라고도 하는데 그 이유는 현장에서 문제를 발굴하고 현장 스스로 즉시 실천 가능한 개선활동이라는 의미로서 즉실천 활동이라고 한다.

그런데 대기업의 현장 불합리 발굴 활동 내용을 확인해 보면, 단순한 5S 수준에 머물러서 발전하지 못하는 경우도 많이 있고, 현장에서 발굴한 불합리 항목이 현장 스스로 개선하기 어려운 과제도 발생하는데, 이때 생산부서의 관리자들이 지원을 통해서 외부의 지원을 받거나 외주 제작업체의 지원이 필요한 경우도 발생한다. 이런 외부 지원에 의한 개선활동이 생산성 또는 품질에 큰 개선효과를 얻을 수 있는데 지원을 위한 업무체계가 없어서 개선이 지연되고, 사무실 또는 혁신팀에 대한 현장의 불만이 생기기 시작하는 경우가 많다.

혁신 사무국 또는 생산 사무실에서는 바쁘다는 이유로 또는 현장과 사무실의 업무처리 Process가 없어서 이런 문제가 종종 발생하고, 이런 문제가 누적되면서 현장개선의 분위기를 저해하는 요인으로 작용하는 것을 많이 보아왔다. 이런 문제를 해결하기 위해서 사무국이 필요하고 제조지원이 필요한 것인데, 부서의 역할과 기능을 명확히 구별하는 관리의 기술이 요구된다.

많은 회사에서 발생하는 문제점인 현장에서 발굴되는 불합리 개선이 지연되는 문제를 해결하기 위해서 다음과 같은 불합리 발굴을 효과적으로 처리하는 업무 Process를 적용한 사례를 설명하고자 한다.

○ 불합리 발굴 처리업무 Process

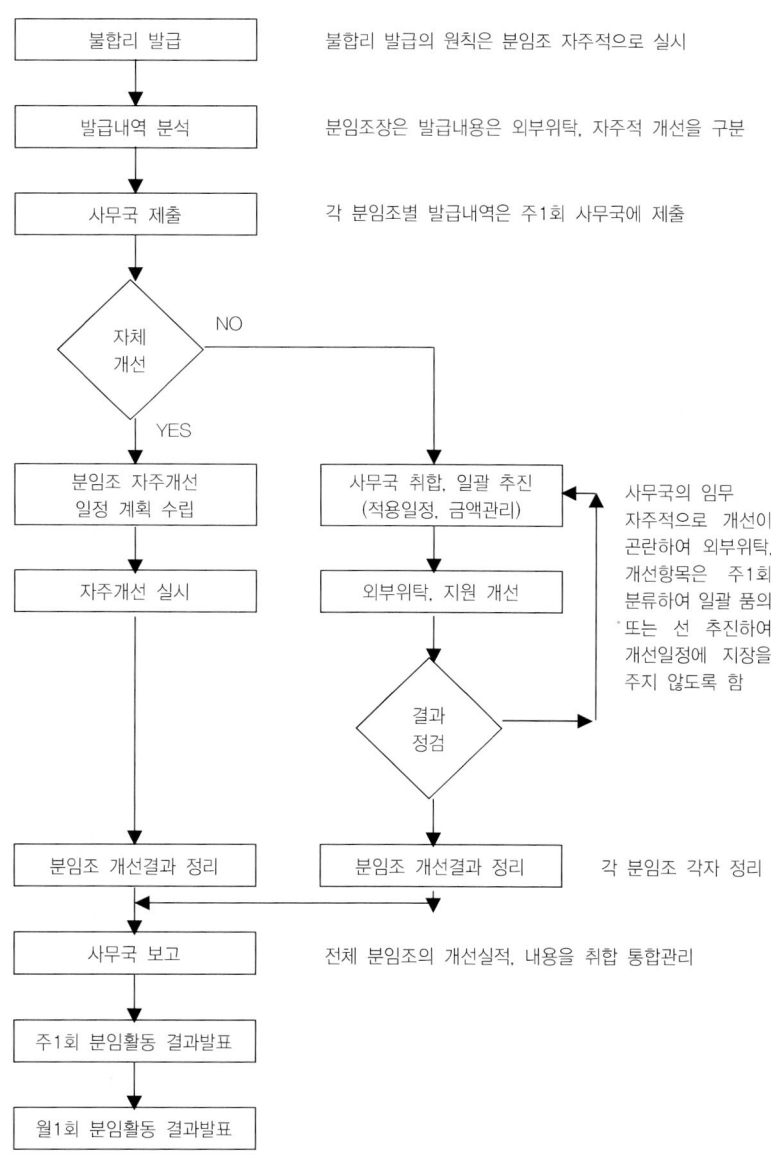

불합리 발급	불합리 발급의 원칙은 분임조 자주적으로 실시
발급내역 분석	분임조장은 발급내용은 외부위탁, 자주적 개선을 구분
사무국 제출	각 분임조별 발급내역은 주1회 사무국에 제출

자체 개선 — NO / YES

분임조 자주개선 일정 계획 수립

자주개선 실시

사무국 취합, 일괄 추진 (적용일정, 금액관리)

외부위탁, 지원 개선

결과 정검

사무국의 임무 자주적으로 개선이 곤란하여 외부위탁, 개선항목은 주1회 분류하여 일괄 품의 또는 선 추진하여 개선일정에 지장을 주지 않도록 함

분임조 개선결과 정리 / 분임조 개선결과 정리 / 각 분임조 각자 정리

사무국 보고 — 전체 분임조의 개선실적, 내용을 취합 통합관리

주1회 분임활동 결과발표

월1회 분임활동 결과발표

현장의 문제점을 현장 스스로 발굴하고 개선하는 조직의 문화를 만들어 가는 것은 운동선수가 대회에 출전하기 위해 사전에 기초체력을 다지는, 우승을 위한 당연한 훈련 프로그램과 마찬가지로 제조기업의 경쟁력을 위해서 현장 스스로 자주적으로 문제를 발굴, 개선하는 노력을 해야 한다는 것이다. 이러한 개선활동을 통해서 현장에서, 사무실에서 99%의 인재가 발굴되고 성장하는 것이라고 생각한다.

○ OPL(one Point Lesson) 개선활동의 중요성과 추진 방법

제조현장의 불합리 발굴, 개선활동을 통해서 바람직한 현장의 모습을 구현하고 이런 개선활동을 통해서 생산성과 품질이 향상됨을 체험하는 것은 정량적인 효과 이외에 현장의 분위기를 활성화시키는 역할을 한다. 그리고 OPL 활동을 통해서 얻는 효과는 현장의 수준을 향상시킨다. 현장의 수준을 향상시킨다는 의미는 무엇일까?

숙련된 조장, 반장의 지식수준을 일반 작업자에게 확산시키고, 작업자 스스로 단순 노동자에서 기술자로서의 자기 발전을 느끼고, 회사에 기여하는 노동력의 가치를 높인다는 자긍심을 느낀다고 이야기를 한다.

OPL은 원래 TPM에서 시작된 용어로서 원포인트 레슨의 의미는 현장에서 한 페이지로 작성하여 현장 동료, 작업자에게 기초지식의 전달, 불량방지를 위한 교육, 작업자 실수 방지를 위한 방법 등을 다양하게 기록하여 전달, 교육을 실시하는 방법이다.

이런 OPL활동을 활성화시키면, 작업자는 작업을 하면서 생각을 하게 되고, 문제를 예방하며, 한 번의 실수를 다시 재발하지 않는 예방관리이자, 노하우를 전수하여 모든 작업자가 동일한 수준으로 작업하게 만드는 중요한 현장관리의 수단이다.

표준화 관리에 대해서 이미 설명을 했지만, 살아 있는 표준관리를 위한 전제조건이 OPL활동이라고 생각한다. 현장에 꼭 필요한 표준이 완성되기 위해서는 현장 관리자, 작업자 스스로 작업방법에 대한, 불량 방지를 위한, 설비조작의 노하우에 대한 모든 작업에 관한 지식이 OPL에 의해 교육이 진행되고 그 결과를 표준으로 완성할 경우 그런 표준이 지키면 편한 표준이 되고, 지키고 싶은 표준이 되는 것이다.

현장 지주개선 분임활동을 잘하고 있는 회사의 경우에는 매월 OPL 경진대회를 개최하여 우수한 OPL을 발굴하도록 유도하고 이에 따른 효과를 많이 보고 있다.

○ 우수 OPL(one Point Lesson) 사례

SHEET 분류	[기초지식], [개선사항], [고장, 불량], [기타]	관리 NO	20090827-2
테마명	스윙축 HOLE 가공 작업방법 개선	작성자	
		작성일	
TF명	TUNING		

포인트

1. 문제현상
   1) 보링작업으로 가공시간 소요
2. 원인분석
   1) 수월축 HOLE 가공공정이 5번 이루어짐.
   (센터드릴➔드릴➔엔드릴➔엔드릴➔브릴바)
3. 재발방지 대책
   1) 기존보링 작업방법을 엔드밀 φ20로 원호보간
   로 가공용하여 작업공정을 3회로 단축시킴.
   (센터드릴➔드릴➔엔드릴)
   2) 공정개선으로 작업시간이 줄려듬
   −기존보링작업시간 : 35분소요
   −개선 작업시간 : 20분소요
   *2HOLE 가공시 총 작업시간이 30분 단축됨.
4. 효과 : 생산성 향상(2회 / 1일=60분 단축)

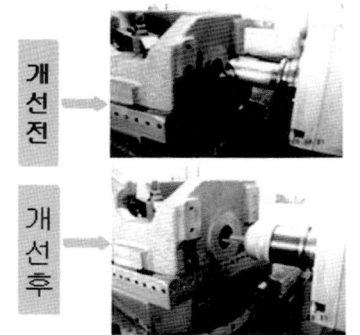

개선전

개선후

강사		
교육 일시		
교육인원		관련자료

이 OPL은 한 회사의 OPL 경진 대회에서 최우수상을 받은 내용
으로서 숙련 작업자가 본인이 작업하는 작업 공정을 5개 공정에서
3개 공정으로 단축하여 가공시간을 단축한 사례이다. 단순히 눈에
보이는 문제점을 개선하는 차원이 아니라 작업을 하면서 왜 이 작
업은 5개의 가공을 거쳐야 할까? 줄이면 안 될까라는 고민에서 출
발했다는 점이 중요하다.

과거부터 해 왔던 작업순서에 대해서 스스로 문제점을 제기하고, 개선의 방법을 모색했다는 것은 매우 중요한 시사점이 있다고 생각한다. 많은 회사의 대부분의 숙련 작업자는 말 그대로 숙련된 손동작, 몸동작으로 머리를 정지하고 몸으로 작업하는 경우가 99%인데 말이다.

제조회사의 진정한 경쟁력은 이렇게 개선을 고민하는 작업자에서 출발하는 것이 아닐까라고 생각한다. 결국 좋은 회사, 좋은 관리자라 함은 이런 개선을 고민하는 작업자를 많이 양성하는 것이라고 생각한다.

Part 3

제조 경쟁력을 위한
관리자의 4대 노하우

제2장에서 이야기한 제조기업의 공통적인 4가지 문제의 본질이 기업의 관리하는 사람이라는 것이다. 성실한 작업자, 유능한 관리자, 리더십 있는 경영자의 3박자가 조화를 이루어야만 기업의 아웃풋을 최대화할 수 있다고 생각한다.

우리는 직장생활을 하면서 '관리'라는 용어를 자주 접하고 있고, 관리의 정의 역시 매우 다양하다. 사회생활뿐만이 아니고, 개인생활에서도 관리라는 용어는 현대생활과 매우 밀접한 관계를 가지고 있다. 그렇다면 기업 활동에 있어서 관리자란 어떤 의미가 있는지 생각해 보자. 관리자(管理者)를 한자로 풀어보면, 理致에 맞게 생각하고 행동하는 사람이라는 의미로 풀이가 되는데, 기업의 관리자란 기업이 추구하는 목적에 맞게 생각하고 행동하는 사람으로서, 관리자라는 의미에 인재(人才)의 의미가 내포되어 있다. 즉 관리자란 해당 기업의 인재라는 뜻이다.

기업에는 많은 관리자가 존재하는데, 관리자 본래의 의미에 맞는 관리자라고 하면 모두 인재를 뜻하는 것이데, 관리자이긴 하지만 인재가 아닌 관리자가 많은 것이 문제이다.

한국처럼 자원이 부족한 나라에서 개인의 경쟁력만이 생존과 발전을 보장할 수 있고, 개인의 경쟁력이란 전문성이라고 이야기를 했었다. 결국 개인의 경쟁력, 전문가, 관리자, 인재는 모두 동일한 의미의 연장선이라고 볼 수 있다.

이런 차원에서 제조기업의 경쟁력을 위해서는 관리자가 인재가 되어야 한다고 생각한다. 이런 목적에 맞는 제조기업의 관리자가 되기 위해서는 4가지의 관리기술이 필요하다고 이야기하고자 한다. 이런 내용을 정리하게 된 이유는 회사를 지도해 오면서 지도를 받는 대부분의 사람들이 관리자들이었고 경영자들이다. 관리의 틀에서 보면 관리자나 경영자 모두 동일한 관리자인데 관리의 기본을 모르고 관리를 하기 때문에 많은 문제를 야기하고 있다고 생각한다. 내 눈으로 보면 관리기법 차원의 문제가 아니라, 관리를 위한 철학이 없고, 방법을 모르며, 관리의 개념이 없어서 발생하는 낭비가 너무 크다는 것을 경험해 오고 있다.

그래서 관리자가 인재로 되기 위한 가장 기본적인 노하우를 이야기함으로써 간접적으로 느끼고, 배우고, 또한 반성하면서 나의 것으로 만드는 노력이 필요하다고 생각한다.

감히 관리의 노하우를 언급하기엔 부족함이 많다고 느낀다. 하지만 현업에서 외국 현지인 수백 명을 관리하면서 주어진 목표를 달성했던 경험과 훌륭한 상사를 통해 배웠던 관리의 기술, 그리고 컨설턴트로서 많은 회사를 지도하면서 경험한 관리의 노하우를 조심스럽게 하지만 정성껏 이야기해 보겠다.

01. 인원관리의 기술

관리 중에 가장 어렵고, 힘든 것이 사람의 관리라고 모두들 이야기한다. 조직 내에서 주어진 역할과 임무를 효율적으로 수행하기 위해서 관리자가 갖추어야 할 관리의 기술 중에서 가장 중요한 기술이 인원관리라는 것은 모두가 공감하리라고 생각한다. 인원관리를 넓은 의미에서 보면 리더십인데, 어떤 리더십의 모습이 부하사원으로부터 신뢰를 받고, 좋아하게 만드는 것인지 이야기하고자 한다.

관리자로서 부하사원들에게 신뢰받는 상사가 되기 위해서는 2가지 매력이 있어야 한다고 생각한다.

첫째, 인간적인 매력을 느끼게 해라

인간적인 매력을 느끼는 상사에게는 어떤 불만도 존재하기 어렵다. 저녁 퇴근시간 무렵 내일 아침까지 보고를 하라며 퇴근하시는 상사에게 불만은커녕, 내가 좋아하는 상사가 지시한 보고를 더욱 잘하기 위해서 신나게 생각하고 고민하면서 보고서를 작성하고 늦은 밤 또는 새벽에 퇴근해도 마음이 즐겁다.

하지만 인간적인 매력이 없는 상사가 저녁에 업무 지시하고 퇴근하면, 뒤통수에 대고 속으로 온갖 불만스런 말들을 한다. 그리고 지시받은 보고서를 불만스럽게 억지로 작성을 하니, 보고서의 품질을 기대할 수 없다. 왜 어떤 상사는 매력이 있고, 어떤 상사는 매력이 없는 것일까? 인간적인 매력을 느끼게 만드는 노하우를 이야기해 보자.

1. 말 잘하는 상사보다 말을 잘 들어주는 상사가 되라

- 회사를 지도하면서 느끼는 공통점인데, 부서장이, 공장장이 또는 사장이 말을 많이 하는 사람일수록 그 부하사원은 말이 별로 없거나, 불만이 많은 사원이 많다. 일을 해도 신나게 일하는 분위기보다는 어두운 분위기, 억지로 일하는 분위기를 느낄 수

있는데 역시 일에 대한 효율도 낮은 것이 공통점이다.

- 공식적인 업무를 하는 과정에 본인의 말을 많이 하는 상사치고, 부하사원의 업무능력을 위해서 도움이 되는 경우는 드물고, 정작 업무능력을 향상하기 위한 교육, 훈련을 위해 시간과 노력을 할애하는 상사는 매우 적다.
- 말 많이 하는 상사가 있는 조직 내의 팀워크가 좋은 경우는 극히 드물다. 부서 간의 업무를 위한 대화가 적고, 문제 발생 후 해결을 위한 조직적인 행동력이 약하다.
- 본인이 똑똑하다고 생각하는 상사가 대부분 말은 많고, 말을 듣지 않는다.

말을 많이 하는 것보다 말을 잘하는 것이 힘들다고는 익히 알고 있지만, 말을 잘하는 것보다 말을 잘 듣는 것이 더 어렵다는 것을 아는 상사는 참 드문 것 같다. 하고 싶은 말을 참고 부하사원의 의견에 경청하는 인내력, 말을 다 듣고 난 후 상사인 나의 견해를 밝히는 지혜가 관리자, 경영자에게 필요한 덕목이라고 생각한다.

이런 의미에서 단순히 말을 잘 듣는다는 사실보다, 사실 뒤에 숨어 있는 상사의 인품이 더욱 빛나는 것이 아닐까?

말을 잘 듣기 위한 노력과 훈련이 필요하다. 이런 노력을 통해서 가장 쉽지만, 중요한 가치를 창출하는 인원관리의 기술, 즉 리더십이 생겨날 수 있다.

공정단위의 작은 리더, 부서장의 리더, 기업의 리더의 출발점을 듣는 리더십, 즉 이해하는 리더십 — Understanding Leadership — 으로 시작하는 지혜가 필요하다고 생각한다. 말을 안 들어 주는 상사에게 인간적인 매력을 느끼는 멍청한 부하직원은 하나도 없다.

2. 개인기보다는 팀워크를 중요시하는 상사가 되라

큰 조직의 리더는 항상 시간에 쫓기기 때문에 빠른 의사결정 능력이 필요한데, 이때 중요한 것이 리더의 부하직원의 업무처리 능력이 매우 중요한 역할을 한다.

똑똑한 부하직원으로서 상사의 의중을 파악해서 필요한 것을 제때 대응하는 직원을 상사는 제일로 예뻐할 수밖에 없다. 그런데 종종 발생하는 문제로서 이런 부하직원이 상사의 신임을 무기로 조직 내, 팀 내의 분위기를 해치고, 상사 간의 위계질서를 파괴하며, 팀워크를 깨트리는 문제가 자주 발생한다.

이런 상황에도 불구하고, 능력 없는 상사는 이런 부하직원을 감싸는 경우가 있는데 시간이 지나고 보면 그 상사와 그 부서의 업무능력은 평가 절하되는 경우를 많이 보아 왔고, 문제의 부하직원이 출세하는 경우를 거의 보지 못했다.

결국 일은 팀에 의해서 최대의 효과를 창출하는 것이라고 생각한다. 이런 면에서 훌륭한 상사라면 항상 팀워크를 기본으로 생각하면서 업무를 추진하는 마인드가 필요하고, 똑똑은 하지만 팀워크를 해치는 부하직원에 대한 책임감이 있다면, 그 부하직원을 위해 끊임없는 관심과 선배로서의 지도가 필요하다고 생각한다. 자기만 아는 이기적인 상사는 이런 부하직원이 곤경에 처했을 때 매정하게 모른 체하는 경우도 많다.

회사에서 만난 상사는 과연 어떤 의미를 가진 존재일까에 대해서 많은 생각과 경험을 가지고 있는데 특히 대학을 졸업하고 갓 입사한 신입사원이 만난 상사의 존재는 그 사람의 인생을 바꿀 수 있는 매우 중요한 인물이다.

청소년 시절에 무수히 들었던 얘기가 있다. 너를 보면 부모님이 어떤 분인지 알 수 있다는…… 이 의미는 청소년 시절의 인성(人性)은 부모님의 영향을 많이 받기 때문에, 네가 잘해야 네 부모님 욕먹지 않는 것이라고……지나고 보니 모두 다 맞는 말씀이라고 생각된다. 20세의 감성과 기본적인 성격이 가정환경, 본인의 타고 난 성격 그리고 친구들의 영향으로 인해 형성되었다면, 일반적으로 남자가 대학을 졸업하고, 군대를 다녀온 후 회사에 들어가면 제2의 인생이 시작되는 것이라고 생각한다. 신입사원에게 제2의 인생이 시작되는 시점에 만나는 그 상사는 신입사원의 부모님과 같은 의미가 있다. 제2의 인생의 부모님은 신입사원을 사회인으로서 갖추어야 할 기본을 가르치고 유능한 업무능력을 위한 훈련을 시키는 역할을 하는 것이다.

만약 이때 배울 점이 전혀 없는 생각 없는 상사를 만나거나, 백해무익한 상사를 만난 신입사원에게는 향후에 겪게 되는 약 20여 년의 회사생활에 커다란 마이너스 역할로 작용한다. 이처럼 상사인 관리자에게는 본인이 모르고, 느끼지 못하는 순간에 엄청난 실수로 인해서 부하사원의 미래에 나쁜 영향을 끼치게 되는 것이다. 정말이지 관리자로서 직무유기에 해당하는 큰 죄를 범하는 것이라고 생각한다. 그래서 관리자는 끊임없이 공부하고, 자기개발을 해야 한다. 부지불식간에 큰 과오를 하기 전에 말이다.

직업상 많은 회사의 관리자를 대하다 보면, 머리는 참 똑똑한데 문제 있는 관리자를 보면 바로 답이 나온다. 처음에 일을 제대로 배우지 못했구나 하는 경우가 있는데 그 원인이 신입사원 때 상사를 잘못 만나서 일을 제대로 배우지 못한 것이다.

물론 100% 상사의 원인은 아닐 것이다. 아무리 문제 있는 상사를 만나도 본인 스스로 배울 것만 배우고, 배우지 말아야 할 것은 버리는 지혜를 가진 사람도 있기 때문이다. 하지만 일반적으로 많은 사람들이 입사 초기 업무를 배울 때 상사의 영향력에서 자유롭지 못한 것이 사실이다. 그래서 웅진 그룹의 윤 회장 말씀대로 무식한 상사가 부하사원의 아이디어를 망친다고 하셨는데, 실은 어디 아이디어뿐이랴, 부하사원의 미래를 망치고, 회사를 망치는 것이라고 생각한다.

3. 公私分明을 업무의 철칙으로 삼는 상사가 되라

공직생활은 물론이고, 회사생활에 있어서 公과 私를 분명히 관리하는 것이 매우 중요하다는 것을 잘 알면서 어려운 것이 공과 사를 구분하는 능력인 것 같다.

특히 권력을 쥐고 있는 상위 관리자에게 있어서 공과 사의 구분 능력은 조직 전체에 커다란 영향력을 미친다. 중국의 포청천이 공과 사를 냉철하게 구분해서 법을 집행하는 관리자로서 지금도 중국 TV 드라마에 방송되는 것을 보면, 공과 사의 구분 능력이 얼마나 힘든 것인지를 역으로 나타내고 있지 않은가?

흔히들 내가 하면 로맨스이고, 남이 하면 불륜이라는 말이 있는데 대부분 상사가 하면 로맨스, 부하직원이 하면 불륜이라는 상황에 더 많이 적용된다고 공감할 것이다. 정말로 이런 상사가 많지 않은가?

아주 사소한 것이라도 그 대상이 공적인 것이라면 분명한 원칙에 의해서 처리하는 습관이 몸에 배어야 한다. 그렇지 못하면 윗사람의 조그만 사심이 배의 구멍이 되어 결국 배는 가라앉게 된다는 단순한 원칙을 관리자들은 명심 또 명심해야 할 것이다.

약 10년 전 중국법인에서 주재원으로 근무했을 당시 잊을 수 없는 기억이 있는데, 그 당시 연말이 되면 업적평가와 다면평가를 실시했다. 다면평가란 나에 대한 업무 역량에 대해서 상사, 부하, 동료가 다면적으로 평가하는 것이다. 이때 피평가자의 장점과 단점을 기록하는 난이 있다. 사람은 누구나 감추고 싶어 하는 단점이 있고, 특히 단점 중에 타인에게 노출되고 싶지 않아서 의도적으로 숨기려고 하는 단점이 있기 마련이다. 그 단점이 크든 작든 간에. 나 역시 그런 단점이 있었는데, 중국에서, 중국인이 그것도 자주 대화할 시간이 별로 없었던 중국인 작업자에게서 나의 숨기고 싶은 단점을 듣고 많이 놀랐던 적이 있었다. 세상엔 비밀이 없고, 사람이 완벽할 수 없기 때문에 누구나 가지고 있는 크고 작은 결점은 원치 않아도 내 주위의 사람들은 말을 하지 않을 뿐 어쩌면 나보다 더 정확히 파악하고 있다는 사실을 깨달은 경험이 있다. 이런 이야기를 하는 이유는 상사의 단점에 대해서 부하사원은 말을 하지 않을 뿐 다 알고 있다는 것이다. 공과 사가 불분명한 상사의 문제점은 그가 힘들고 어려울 때 불분명한 공과 사의 문제가 독한 화살이 되어서 돌아온다는 사실을 알아야 한다.

설마 이건 모르겠지…… 하지만 말을 하지 않을 뿐 모두 다 알고 있다는 것을 관리자는, 상사는 항상 명심해야 한다.

4. 신뢰받는 상사가 되어야 죽는 시늉도 마다 않는 부하를 만들 수 있다

신뢰는 직급과 권위가 높다고 노력 없이도 저절로 생기는 것이 아니다. 어떻게 해서 신뢰를 쌓아야 한다는 법칙도 원칙도 없는 것이 사람 간의, 상하 간의 신뢰의 문제인 것 같다.

다만 경험을 통해서 느낀 점은 부하 직원에게 배려를 해 주는 마음을 가진 상사가 통상적으로 많은 부하직원들이 좋아하고, 신뢰하고 존경하는 것을 보아왔다.

직급으로 지시하거나, 권위로 누르면 쉽게 빨리 할 수 있음에도 기다릴 줄 알고 부하직원의 어려움을 내 일처럼 헤아려 준다. 이런 상사에게 어떻게 복종을 하지 않겠으며, 죽는 시늉을 마다 할 것인가?

99년도 중국 국영기업을 인수 합자하여 불량률 100%의 공장을 합리화, 개선활동으로 생산성 향상을 위해서 죽을 고생을 한 경험담이다.

중국과 50 대 50 합자 회사였고, 당시 본사의 종합 양품률은 90% 대였는데, 중국법인의 양품률은 본사 품질수준으로 보면 100% 불량이었다. 제품 생산의 특징은 장치산업이기 때문에 설비관리에 의해 생산성과 품질을 좌우되고 있는데, 문제는 설비가 노후화되어 설비고장률이 약 15% 수준이었고, 아무리 기술이 훌륭한 전문가라도 필요한 설비 또는 부품이 없으면 양품을 만들기 어려운 조건이었다.

중국에 근무한 지 5개월쯤 지났을 때 종합 양품률 30% 수준을 겨우 유지하고 있었는데 개선할 대책을 모두 알고 있었으나, 설비 개선에 투자비가 커서 설비의 중요성을 모르는 중국 측 대표의 결재가 힘들어서 발주가 지연되었으며, 중국에서는 한국 전문가의 기술만 있으면 모든 문제가 해결되어야 하는 것 아니냐는 사고방식에 의하여 사면초가에 빠진 적인 있었다. 한국 본사에서는 중국 사정을 모르고 왜 한국 전문가가 가서 일하고 있는데 양품률 30%가 웬 말이냐? 중국 측에서는 비싼 한국 주재원이 와서 일하는데 겨우 30% 수준이냐? 이렇게 어려웠을 때 그 당시 법인장 역시 사면초가이긴 마찬가지였는데, 나에게 화 한 번 내신 적이 없었고, 가끔 내 사무실에 내려와서는 언제쯤 양품률이 올라가는 거냐고 질문을 던지시고 가시곤 했는데 13년이 지난 지금도 난 그때 그분의 뒷모습을 잊을 수가 없다.

부하인 나에게 얼마나 하실 말씀이 많았을까? 하지만 나를 믿고 힘든 내 상황을 배려해 주는 그 깊은 마음을 나는 그분 뒷모습에서 느낄 수가 있었고, 나는 어떠한 동기부여보다 더 크게 노력을 통해서 몇 년 후에 결국은 본사보다 더 높은 생산성을 달성할 수 있었다. 힘들어서 포기하고 싶은 마음보다 그분 뒷모습이 더 강했기 때문이었던 것 같다.

5. 상사의 존재가치는 부하가 있기 때문에 가능하다는 것을 잊지 마라

상사가 능력을 인정받으며 잘나가는 이유는 상사의 능력 이상의 유능한 부하직원이 있으므로 가능하다. 상사는 항상 부하직원에게 감사해하는 마음으로 생활해야 한다고 생각한다. 부하직원들이 있기 때문에 비로소 내가 존재한다는 사고의 전환이 필요하다.

과거에 업무능력이 뛰어나고 똑똑하다는 부장이 있었다. 그는 매우 독단적이고, 일방적인 성격으로서 본인 스스로 일을 매우 잘한다고 생각했고, 그에게 부하사원은 지시를 받고 일하는 사람이라는 개념이었던 것 같다. 부하사원은 무조건 나에게 충성을 다해야 한다. 왜냐하면 나는 너의 고과권을 가지고 있으니까. 결국 부하사원의 고과권력을 바탕으로 부하사원을 관리해 왔기 때문에 그 부장이 떠난 후 그를 기억하려는 사람은 거의 없고, 사람 간의 관계는 어떤 미련도 없이 깨끗하게 정리가 된다. 고과를 평가하는 종이 한 장처럼 말이다.

상사인 내 능력은 부하사원의 노력의 결과라는 사실을 잊지 말고 항상 감사하는 마음으로 부하직원을 대한다면 그런 상사는 부하사원으로부터 인간적인 매력을 느낄 수밖에 없다.

둘째, 업무적인 능력을 보여줘라

1. 부하보다 뛰어난 능력이 있다는 존재감을 인식시켜라

불만도 많고, 문제가 많은 부서의 원인을 보면 대부분 부서장의 문제로 인해 발생되는 경우가 많은데, 상사의 실무능력이 부하직원보다 떨어져 부하직원이 상사를 우습게 보면서 발생되거나, 상사가 너무 생각 없이 편하게 일을 하면서 발생하는 경우가 많다.

업무를 처리하고, 보고를 하는 과정에 있어서 관리자가 전달자의 역할만 하는 사람들을 많이 봐 왔다. 검토보고를 지시받고, 검토의 목적과 이유가 무엇인지 본인이 생각해서 정립을 한 후에 부하직원에게 검토보고서의 목적은 무엇이고, 작성 방향에 대한 생각을 잘 지시를 해야만 짧은 기간에 좋은 품질의 보고서가 작성되는 것이고, 이런 행위가 유능한 관리자의 역할이라고 생각한다. 그런데 실상은 그렇지 못한 경우가 많은 것이 사실이다. 지시받은 보고의 목적은 무엇인지, 이 보고의 방향과 아웃풋을 어떻게 설정해야 하는지에 대한 생각이 없이 부하직원에게 그대로 전달하고, 작성된 자료를 기준으로 수정과 수정을 거듭하면서 보고서를 완료한다. 이렇게 만들어진 보고서에는 대부분 중요한 핵심이 빠져 있는 경우가 많아서 항상 진행하는 업무를 매듭짓지 못하고 바쁘지만 효율이 떨어지는 업무로 일에 끌려 다니는 형태로 나타난다. 이런 부서에 활기찬 분위기를 기대하기 어렵고, 항상 부하직원은 불만스런 표정으로 생활을 하게 된다. 업무능력이 떨어지면 인간적인 매력이라도 가지고 관리를 해야 하는데 인간적인 매력도 업무능력도 없는 상사는 갈 데가 없다.

부하보다 오랜 기간을 근무했다고 반드시 일을 잘하는 것은 아니다. 다만, 경험에 의해서 업무처리가 익숙하다는 것이 상사가 가지고 있는 장점인데, 경험만 가지고 상사로 대접받는 시대는 이미 지났다. 경험을 노하우로 변화시키기 위한 스스로의 고민과 노력이 필요하다.

업무능력이 있는 관리자 유형

1) 문제가 발생했을 때 원인을 분석하고, 대책수립을 통해서 문제를 잘 해결하는 관리자
2) 부하직원이 타 부서와의 업무관계, 인간관계에 문제가 생겼을 때 나서서 그 문제를 해결해 주는 관리자
3) 부서의 아웃풋을 상부에 잘 전달하여 업무성과를 잘 표현해 주는 관리자
4) 많은 사람들의 다양한 의견을 잘 수렴하여 합리적으로 의사결정을 하는 관리자
5) 회의를 잘 리드하여 필요한 목적을 잘 달성하는 관리자
6) 부하직원들이 생각하지 못한 질문을 자주 던지면서 새로운 아이디어를 이끌어 내는 관리자
7) 부하직원의 생각을 먼저 듣고 난 후 본인의 의견을 개진하여 더 많은 더 좋은 아이디어를 창출해 내는 관리자
8) 업무의 기준이 명확하여 잘하고 못 하는 것을 정확히 구분할 줄 아는 관리자

관리자의 업무능력은 그 회사의 경쟁력을 대표하기 때문에 해당 업무에 대한 전문지식은 물론이고 전문지식을 활용한 업무처리 능력이 더 중요하다고 본다.

2. 관리자는 업무를 실행할 때보다 준비단계의 사전 준비 능력이 더 중요하다

충분한 준비 없이, 대충 시작해 놓고 문제가 생기면 허둥대는 모습을 보이면 절대 안 되고, 문제가 발생했을 때 내가 검토하거나, 내가 한 것이 아니라고 발을 빼서는 더욱 안 된다. 또한 관련 부서에서 협조가 안 되서 못 한다는 말을 관리자라면 하지 말아야 한다. 관련 부서의 협조를 받아내는 역할도 관리자의 중요한 업무이기 때문이다. 관리자는 솔선수범을 실천하고, 사전 준비를 철저히 계획하는 사람이라고 정의하고 싶다. 하지만 주위에 그렇지 못한 관리자를 많이 본다. 정말 자격이 없는 관리자라고 생각한다.

"관리란 무엇인가?"에 대해서 산업공학에서 흔히 이야기하는 것으로, 관리는 PDCA 사이클이라고 한다. 계획(Plan)을 세우고, 실행(Do)을 하고, 그 결과를 점검(Check)해 보고, 문제가 있으면 다시 실행(Action)을 하는 일련의 커다란 사이클이라는 의미로서 이런 사이클이 끊임없이 계속 돌아가야 한다는 것이다. 이런 일을 하는 것이 관리의 행위라는 뜻이다.

좀 더 풀어서 설명을 하자면, 관리란 계획만 세우거나, 실행만 하거나, 점검만 하는 것이 아니라는 의미이다. 관리를 잘하는 관리자는 계획도 세우고, 실행하게 만들며, 실행된 내용을 점검하고 보완해서 다시 추진하는 사람을 말한다.

　모든 업무를 이런 PDCA 사이클로 추진한다면 잘되지 않을까? 최소한 이런 마인드를 가지고 주어진 업무를 해 나간다면 능력의 차이는 있겠지만 무능력한 관리자는 되지 않을 것으로 본다. 그런데 이 부분에서 강조하고 싶은 것은 PDCA라는 관리 사이클 중에서도 관리자에게 중요한 것이 Plan(계획)이라고 말하고 싶다. Plan(계획)을 쉽게 예를 들어 설명하면 사전 준비라고 해 보자. 모든 업무를 개시함에 있어서 사전 준비를 철저히 해서 실행한다면 실패 가능성을 최소화하고, 설령 준비 못 한 문제가 발생해도 대응이 가능하므로 문제를 최소화할 수 있다.

　사전 준비를 철저히 하는 관리자가 되기 위한 방법은 오랜 기간 동안 얻은 경험을 가지고 생각 없이 편하게 일하려고 하지 말고, 끊임없는 생각과 고민을 해야 한다. 오랜 경험이 있는 관리자라고 해도 생각을 많이 하는 부하직원에게는 못 당한다.

　회사가 일정한 규모가 되면 과장 이상부터는 자격증을 부여하는 제도를 만들어야 한다고 생각한다. 자격증이 없으면 장(長)이 될 수 없는 제도를 도입하고 관리자로서의 기본 자질, 전문지식, 의사소통 능력, 문제분석 능력, 업무 능력 등을 평가하여 일정한 점수를 획득해야만 관리자가 될 수 있도록 관리 시스템을 운영한다면 더욱 강한 기업이 되지 않을까?

3. 고유기술은 기본이고, 열심히 새로운 관리기술을 습득하는 노력을 해야 한다

어떻게 하면 업무능력을 향상시킬 수 있을까? 이 물음에 대한 답은 2가지라고 이야기하고 싶다. 첫째는 생각하고 또 생각해라. 그리고 둘째는 새로운 지식, 방법을 배우는 것에 게을리하지 마라.

공장 진단을 많이 해 보면 경험하는 공통점이 있는데, 현장관리가 엉망이고, 문제가 많은 회사의 경우 대부분 그 회사의 공장장의 얼굴은 윤기가 흐르며, 눈이 풀려 있는 경우가 많다.

공장장이 현장에 대해서 고민도 없고, 긴장도 없고, 대책도 없고, 고정관념을 가지고 생각이 없이 근무하는 경우를 많이 보아왔다.

아직도 고유기술을 노하우라고 서로 Open해서 공유하지 않고 고유기술을 내 밥줄로 여기는 제조기업이 있다. 이런 회사에서 어떻게 생산효율을 기대할 수 있겠는가? 고유기술을 문서화해서 공유하고 새로운 관리 기법, 기술을 배워서 고유기술에 접목하고, 진화해 나가도 어려운 경영환경인데 말이다. 이런 중요한 문제를 문제로 파악하지 못하는 관리자가 있다면 반성해야 할 것이다.

상사가 열심히 새로운 것을 공부하고, 잘 알고 있으면 부하직원은 더욱 열심히 공부할 수밖에 없다. 그래서 기업의 경쟁력은 관리자가 새로운 것을 습득하는 학습능력과 상관이 있다고 생각한다.

부하직원을 관리하는 기술이란 인간적인 매력과 업무적인 능력을 가지고 있어야 한다고 이야기를 했다. 인간적인 매력은 있는데 업무적으로 배울 것이 없는 상사, 사람은 미운데 업무능력 하나는 끝내주는 상사, 매력도 없고 능력도 없는 상사, 인간적인 매력과 업무능력 모두 겸비한 상사. 여러분 자신은 어느 부류인지 한번 점검해 보기 바란다.

그리고 부족한 점이 있으면, 그것을 보완하기 위해서 노력하는 본인으로 만들기 바란다.

02. 목표관리의 기술

1장에서 언급한 목표관리에 관한 주된 내용은 목표관리를 위한 방법에 대해서 이야기했었는데 지금은 목표관리가 왜 중요한 것이고, 관리자가 목표관리에 대해서 정립해야 하는 생각은 어떤 것인지에 대해 이야기하고자 한다.

목표에 대한 개인적인 이야기를 잠깐 하고자 한다. 나는 개인적인 목표가 있다. 10년 후의 나의 목표를 설정하였고, 매년 12월이 되면 다음 연도의 목표를 수립한다. 4년 전에 시작한 개인의 목표관리를 하고 있는 셈이다.

이런 개인적인 목표관리를 하기 전에는 항상 12월 말이 되면 1년 동안 무엇을 했지?

무엇 하나 변변하게 해 놓은 것 없이 금방 1년이 지났다는 쓸쓸함이 가득했었는데, 4년 전부터는 많은 변화를 해 오고 있다. 1년 전 하고자 했던 것을 이룬 기쁨도 있고, 부족한 것을 반성하면서 다시 내년도 목표를 수립한다. 6년 후 달성될 나의 비전, 목표를 위해서 말이다.

난 개인적으로 목표라는 것이 나에게 어떤 긍정적인 영향을 주는지 크고 작은 경험을 많이 했기 때문에, 목표가 한 사람의 인생에 얼마나 커다란 영향력을 미치는지 잘 알고 있다.

개인적인 목표는 그 사람의 의지이고, 희망이다. 더 나아가 목표는 그 사람의 정신세계이며 신념을 표현하는 것이라고 생각한다. 자기가 바라고 싶은 간절한 생각들을 정리해서 그것을 간단명료하게 표현해 놓은 목표는 그 사람의 긍정적인 희망의 그림이다.

이렇게 만들어진 목표는 사람을 변하게 만든다. 목표를 위해서 게으름을 뒤로 하고 의식적인 노력을 하지만, 내가 경험한 더욱 긍정적인 현상은 나도 모르는 사이에 무의식적으로 내 스스로 목표를 위한 생각과 행동을 하고 있는 나를 발견하는 것이다.

바쁘게 하루하루가 지나고, 한 달 두 달이 지난 후 뒤돌아보면 '어! 이게 됐네.' 하고 좋아할 때도 많다. 목표는 개인의 생활을 플러스로 변화시키는 힘이 있다. 그래서 난 개인적으로 힘들고 어려운 일을 겪을 때 목표를 상기하고 힘을 얻곤 한다.

개인목표를 설정하는 노하우

1) 되고자, 이루고자 하는 목표를 머릿속으로 상상하라.
2) 눈을 감고 상상한 이미지를 명확하게 그림으로 만든다.
3) 그림으로 형상화된 개인의 목표를 글로 기록한다.
4) 짧게는 3년~5년, 길게는 10년 후의 내가 이루고자 하는 모습을 글로 작성한다.

5) 장기적인 나의 모습을 상상하면서 향후 1년간 해야 할 구체적인 실천사항을 정리한다.

6) 나의 비전(나의 모습) 밑에 1년간 해야 할 실천항목을 1페이지로 정리한다.

7) 매일매일 작성된 내용을 보고, 나의 모습을 상상한다.

사실 이런 개인의 목표를 설정하는 것은 별로 어려운 것도 없다. 다만 스스로 조금만 생각하면 된다. 아주 조금만 남보다 나를 생각해 주는 시간을 나를 위해 사용한다면 그 사람의 인생을 변화시킬 수 있는 것이다.

목표관리의 성공사례 1

약 20년 전의 일이었는데, 나는 개인적으로 이 경험을 통해서 일하는 즐거움이 무엇인지, 진정한 성취감은 어떤 느낌인지 깨달았던 기억이 있다.

당시 생산부서에서 약 3년 동안 생산라인의 직장을 하고 있었으며, 한 생산부서의 주무를 하고 있었는데, 제품 생산의 특성상 금형설계의 품질이 생산성을 좌우했고, 생산라인을 책임지고 있었던 나 역시 종종 발생하는 잘못된 금형설계로 인해 밤을 꼬박 새운 적도 많았다. 그 이유는 금형설계자가 생산의 의견이 반영되지 않은 설계 Miss로 인해 양품 생산이 어려운 경우가 자주 발생하곤 했다.

그 당시 공장장이셨던 분이 생산과 설계 담당자를 서로 맞교환을 감행했다. 그래서 나는 졸지에 금형설계 부분의 책임을 맡게 되었고 마음고생과 몸 고생은 그때부터 시작되었다.

금형설계를 위해서 사용한 경험이 없는 CAD 사용과 프로그램 짜는 법, 금형설계 원리 등을 열심히 배우기는 했지만 신입사원도 아니고 금형설계 부분의 책임을 맡은 사람으로서 업무적인 부담감은 클 수밖에 없었다.

그러던 와중에 큰일이 벌어졌는데, 국책과제를 진행해 오던 프로젝트가 빨리 진행되면서 경험 있는 금형설계자도 어려워하는 초대형 신제품 개발을 하게 된 것이다. 실패를 할 경우 회사 내의 문제로 끝나는 것이 아니기 때문에 이에 대한 심리적인 스트레스가 매우 컸다. 그 당시 나이가 29세인 것 같았는데, 아직 결혼하지 않았고, 다행히 여자 친구도 없었다. 신제품 개발에 투자할 물리적인 시간은 충분히 확보되었고 그때부터 내 개인적으로는 나와의 전쟁이 시작되었다. 우선 내 생각을 정리할 필요가 있었다. 지금 기억을 더듬어 그 당시 정리했던 생각은 이랬다.

1. 내가 설계부서로 자리를 옮긴 이유는 생산 경험이 있는 설계자가 필요했고, 생산경험을 가지고 금형설계를 한다면 좋은 금형품질로 불량이 발생하지 않는 금형을 설계할 것이라는 주변 사람들의 기대를 저버리지 말자.

2. 경험이 많다고 반드시 성공하는 것이 아니다. 다만 성공확률이 높을 뿐이다. 비록 설계경험은 부족하지만 내가 가지고 있는

생산경험을 120% 살려서 장점을 극대화해 보자.

3. 초대형 신제품이 처음 Test하는 장소에서 성공하는 모습을 머릿속의 이미지로 그려 보았다.
- Test장소, Test에 참여하는 사람들, Test가 진행되고 신제품이 성공적으로 생산되는 좋은 모습들……

그 당시 이 2가지의 각오와 성공하는 모습을 머릿속에 새겨 넣고, 일을 하기 시작했다. 출퇴근 시간을 단축하기 위해서 회사 옆 기숙사로 숙소를 옮기고, 거의 매일 새벽 2시~3시경에 퇴근을 했는데, 회사와 기숙사 사이에 육교가 하나 있었는데, 매일 퇴근하며 육교를 지날 때마다 신나는 노래를 부르곤 했다. 그래서 약 4개월 동안 하루 평균 4시간을 자면서 그토록 신명나고 보람 있게 일했는지 모른다. 머릿속에는 오로지 Test에 성공하는 모습을 그리면서……

그리고 1차 신제품 Test하는 날이 돌아왔고, 처음으로 제품이 생산되면서 제대로 된 품질로 제품이 생산될 때에 나도 모르게 눈물이 흘렀다. 아마도 감동의 눈물이었고, 고생에 보답하는 눈물이었던 것 같다. 지금 이렇게 성공하는 모습이 마치 그동안 머릿속에 그려진 이미지와 일치하는 느낌을 받았다.

주위에서는 역시 생산 경험을 해 본 사람이라서 다르다는 칭찬도 많이 들었다. 물론 내 개인의 작은 성공체험이었지만 이 경험이 나를 더욱 튼튼하게 만들었으며 그 후에 계속되는 사회생활의 좋은 밑거름이 되었다.

만약 이때 어렵고, 힘들다는 이유로 신제품 개발에 도전하지 않았다면 아마도 지금의 나는 없었으리라 생각한다.

이 사례는 개인이 스스로 목표를 설정해서 달성한 성공사례이고, 다음의 사례는 관리자로서 계획(Plan)을 세우고, 점검을 했으며, 실행은 부하직원이 추진한 성공사례를 이야기하고자 한다. 비록 크지 않은 성공사례이긴 하지만 특히 중소기업의 관리자들이 개인의 성공사례에 대한 공유를 통해서 많은 것을 느끼고 배우기 바랄 뿐이다.

목표관리의 성공사례 2

중국법인에서 종합 양품률 0%에서 98%를 만들었던 사례를 소개하고자 한다.

98년에 중국공장을 인수했을 당시 양품률 0%에서 2000년에 양품률 98%를 달성했던 드라마 같았던 사례이다.

인수 직후 합리화 개선을 실시한 후 양품률이 30% 수준으로 좋아지기는 했지만, 이미 본사의 수준은 90%를 넘어 95%대에 접어들고 있었고, 50% 지분을 소유한 특수한 중국법인의 경영상 애로점을 이해하지 못하는 한국 본사의 경영자, 관리자들에게 중국법인의 수준을 보고 이상한 말들이 나오고 있었다. 중국법인 주재원이 문제 있는 것 아니냐, 생산 실무와 오랫동안 떨어져 있어서 관리를 못 한다느니 등등의 비아냥거림을 듣고 있었던 것이 사실이었다.

중국법인 30% 그리고 한국 본사 95% 어떻게 극복할 것인가? 남들이 하는 것처럼 30%에서 50%→60%→70%→80%→90% 이런 식으로 목표를 수립해서 일한다면 영영 죽을 때까지 본사 수준을 따라가지 못했을 것이다.

나는 본사에 비해서 중국법인의 현재 문제점들을 나열하기로 했다. 무엇이 문제인지 정확히 분석해야만 대책을 수립할 수 있다고 생각했다.

- 명확한 현실은 중국법인 종합양품률 30%, 한국 본사 95%, 차이 65%

왜 이런 차이가 날 수밖에 없을까? 원인들을 나열하기 시작했다

1. 중국 현지인들의 작업 숙련도가 한국 작업자에 비해 50% 수준
2. 제품 생산에 대한 노하우 측면에서 중국인들은 매우 거칠고 방법을 모르고 있다.
3. 장치산업의 생산성, 품질은 좋은 설비와 설비관리의 기술이 핵심인데 설비 자체가 너무 노후하였으며. 노후한 설비를 보수하는 메카닉 기술이 떨어져 있었다.
4. 중국인 중간 관리자들의 제품 생산성과 품질 향상을 위한 관리기술이 전무했다.

하지만 합자 후 근무한 지 약 6개월이 지난 시점에서 희망적인 면이 있다면, 점차 한국 주재원을 믿고 따르기 시작했다.

과연 이런 중국인을 데리고 본사 생산성을 달성할 수 있을지 회의감도 들었지만, 사실 그 당시에는 선택의 여지가 없었다. 일단 스스로 목표를 세웠다. 2년 후 "2000년이 되는 해에 한국 본사의 생산성을 달성하자."였다.

나는 이 목표를 3단계로 구분했다.

1단계 목표: 30%→70%(6개월 내)

2단계 목표: 70%→90%(1년 내)

3단계 목표: 90%→95%(6개월 내)

아무리 좋은 목표, 높은 목표를 잡아도 나 혼자 달성할 수는 없는 노릇이었다. 약 750명 되는 중국인 제조인력 모두 내 목표를 공감하고, 한번 해보자라는 의지가 없으면 불가능한 목표였다.

어떻게 목표를 공감하도록 할 것인지에 대한 방법을 초한지의 유방의 전략으로 접근을 했다. 수백 명의 중국인 모두를 나 혼자 설득하기에는 시간과 노력의 투자가 너무 크고, 조장, 반장 이상의 중간 관리자를 포함하여 현지인 간부까지 약 30여 명을 내가 생각하는 목표에 적극적으로 동참하는 사람으로 만들기로 했다.

그때의 방법을 순서대로 정리하면

1. 종합 양품률 현 수준 30%에서 70%로라는 목표를 명확히 규정하고

2. 종합 양품률 70%를 각 공정별로 환산하여 공정의 목표 양품률을 정했다.

3. 각 공정별 정해진 목표 양품률을 달성하기 위한 현재 문제점, 원인 및 개선 대책을 작성하기 위한 양식을 만들어서 공정별 반장 이상 자들을 집합시켜 1차 회의를 실시했다.

- 목표선정 근거

- 달성해야 하는 이유

- 달성을 위한 대책서를 각 공정별 반장이 중심이 되어 작성하라
  는 지시를 했다.

당시 나는 생산라인의 전문가로서 각 공정별로 무엇이 문제이고,
어떻게 해야 하는지 알고 있었지만, 중국 현지인들이 따라주지 않
으면 불가능한 목표였고, 따라서 그들 모두 나와 같은 마음으로
통일시키는 것이 중요한 관리 포인트였다. 그런 목적으로 내가 아
닌 중국인 스스로 목표를 달성하기 위해 고민하고 생각해서 대책
을 세우라는 의도였다.

4. 1차로 스스로 작성해 온 달성방안은 마음에 들지 않았지만,
   격려를 하고 내가 일일이 수정을 해 주었다.
5. 이렇게 수정된 목표 70% 달성방안 대책서가 만들어질 무
   렵, 법인장을 찾아가서 달성방안에 대한 보고를 하면서 법인
   장에게 조건을 제시했다. 만약 이 목표를 달성한다면 중국
   현지인에게 확실한 인센티브를 제공하겠다고 했고 승낙을 얻
   어 냈다.
6. 그렇게 수립된 70% 달성방안을 가지고 회사에서 조금 떨어
   진 Work Shop 장소에서 발표회를 진행했다. 각 공정별
   중국인 반장들이 직접 자기 공정의 목표 달성방안을 발표했
   고 이때 나는 만약 목표를 달성하면 제공될 인센티브를 발표
   했고, 모두가 한마음으로 약속된 6개월 내에 목표를 달성하
   기로 했다.
그 후에 새로운 현상이 나타나기 시작했다. 실적에 그렇게 민감

하지 않았던 조·반장들도 매시간별 생산실적에 큰 관심을 가지고 불량감소에 노력하고, 현장 관리자 스스로 현장에서 발생된 불량을 분석해 나가기 시작했다. 특정 공정에서 대형 불량이 발생하면 타 공정의 반장들도 달려와서 원인을 물어보고 같이 대책을 수립해 나갔다.

또한 24시간 연속 생산되는 공정에서 가장 관리가 어려운 시간이 새벽시간이다. 과거에는 새벽에 대량 불량을 발생시키고 아침에 출근해 보면 불량을 발생시킨 새벽조 인력을 찾을 수 없었으나, 목표 달성 W/S/ 이후에는 새벽시간에 발생된 불량 현물을 가지고 조·반장을 포함해서 작업자들이 퇴근하지 않고 아침에 출근한 나에게 상황보고를 하기 시작했다.

약 2달이 지났을 무렵에 몇 시간 동안 종합 양품률이 70% 이상 나타나기 시작했고, 어느 특정 공정에서는 1개 반(8시간 연속) 목표 양품률이 나타나기 시작했다. 이것이 징조였던 것 같다. 결국 활동한 지 4개월 만에 한 달 누계기준으로 종합양품률 73%를 달성했다.

중국 현지인들이 이야기하기 시작했다. 처음 Work Shop을 했을 당시 양품률 70%는 불가능하리라고 생각했는데, 내 손으로 목표를 달성한 기쁨이 꿈과 같다고……

목표를 달성하고 조·반장 이상 중국 관리자와 같이 모인 회식 자리에서 나를 포함해서 모두 눈물을 흘리고 있었다.

나의 목표는 이게 끝이 아니었고, 다시 계획대로 2차 목표를 위한 준비를 하기 시작했다.

목표 90%! 1주일이 지난 후 조·반장 회의 때 다시 목표를 정했다고 발표했을 때 중국인들 모두 이미 과거의 내가 아는 사람들이 아니었다. 모두들 할 수 있다고, 해보자고 오히려 나보다 더 강한 의지를 보였고, 1차 때와 마찬가지의 Process로 목표 달성방안을 수립했는데 대책서의 내용이 1차 때와는 또 다른 수준을 보였다.

2차 목표는 90%였지만, 이때 나는 다른 목표도 함께 제시를 했는데 그것은 퇴근시간이었다. 과거에는 나의 퇴근시간이 기본적으로 밤 10시~12시 사이였다. 중국 현지인들은 더 늦었음은 말할 것도 없다.

2차 목표는 종합 양품률 90% 이상으로 만든 후 퇴근시간은 오후 6시!

모두들 집에 가서 가족과 저녁 먹기

제조부 사무실 오후 6시에 문 잠그고 퇴근하기

이 목표를 위해서 다시 뛰기 시작했고, 결국 1년 만에 95%의 목표를 달성해서 한국 본사와 종합양품률이 동등해졌고, 3단계 목표를 한국 본사 실적 초월로 수정했다. 월 누계 종합양품률 98% 이상으로 잡았다.

역시 목표를 달성해서 본사보다 높은 생산성을 달성하게 되었는데, 본사에서 들려오는 소리는 중국법인의 품질이 본사보다 낮아서 생산성이 높은 것 아니냐는 이야기가 들려오기도 했는데, 본사에서 출장 나와 품질을 확인한 후 나쁜 소문은 더 이상 돌지 않았다.

가장 늦게 설립된 법인이었고, 본사의 기술 이전이 열악한 중국 법인의 환경에서 가장 높은 생산성을 달성하게 된 원인을 다시 점검해 보면서 관리, 특히 제조 관련 관리자에게 필요한 관리기술에 대해서 정리해 보고자 한다.

1. 관리자의 목표에 대한 명확한 지표 선정
2. 목표를 달성하기 위한 관리자의 전략적인 계획
3. 목표를 공유함으로써 최대한의 시너지 효과 창출
4. 목표를 달성할 경우 이에 따른 확실한 성과보상

목표관리 성공사례 2에서 우리가 배울 수 있는 점을 4가지로 정리했는데, 많은 사람들이 목표관리를 잘해서 성공체험을 했으면 하는 바람이다.

상사의 불합리한 요구, 항상 정신없이 바쁜 일상에 짜증을 내고 불평을 하고, 죽지 못해 일하는 모습을 보면 얼마나 마음이 아픈지 모른다. 이런 관리자들이 일에 끌려 다니는 전형적인 사람이지 않은가?

우리 관리자 모두 일을 끌고 다니는 사람이 되도록 해 보자. 그런 실천의 시작이 목표관리임을 밝혀둔다.

2가지 사례를 통해서 목표관리가 우리 관리자에게 어떤 의미인지 정리를 해 보고자 한다.

1. 공통된 목표는 가장 훌륭한 커뮤니케이션이다
- 목표는 같이 공유하고 설명되고 이해된 목표가 진짜 목표가 된다. 이런 목표만이 목표가 모두의 공통된 집념이 되어 100% 이상의 시너지 효과를 창출할 수 있다.
- 상사의 일방적인 목표는 팀워크를 해치고, 독이 되어 돌아온다.

2. 목표는 쉽지 않은, 어렵게 노력해야 겨우 달성할 수 있는

수준이어야 한다

  - 대충해도 달성 가능한 목표는 부서장으로서 면피는 가능할지
    모르지만, 부하직원의 팀워크를 망치는 지름길이다.
    (적당한 긴장, 긍정적인 스트레스가 추진의 원동력이다)
  - 목표를 각자 몸의 엔도르핀처럼 느끼게 해야 진짜 목표가 된다.

  3. 목표를 달성하고 느끼는 성공체험이 자신감을 배양한다
  - 상사는 부하직원으로 하여금 크고 작은 성공체험을 갖도록 하
    는 관리 프로그램이 있어야 한다.

  4. 목표는 팀원의 공통된 집념으로서 팀워크의 가장 소중한 가
치로 공유되도록 해야 한다

  관리자로서 목표관리를 잘하는 기술은 매우 중요한 노하우라고
생각한다. 많은 사람들이 매력적인 목표관리 기술을 체험하고 확산
시켜 주었으면 하는 바람이다.

03. 생산(성) 관리의 기술

  회사를 지도하면서 가끔 이런 질문을 한다. "생산이 무슨 의미
를 가지고 있는지 아는 사람 이야기해 보세요."라고. 이럴 때 대부
분의 생산 관련된 관리자들의 표정을 보면, 저 사람이 무슨 이야

기를 하는 거지? 생산은 그냥 제품을 만드는 것 아닌가라는 얼굴이다.

지금도 가끔 신문에 또는 친구들과의 대화에서 '비생산적이라는' 이야기를 들은 경험이 있을 것이다. 여기서 비생산적이라는 의미는 노력한 것에 비해서 얻은 결과가 적다는 뜻이다. 시간과 노력을 많이 들였는데도 불구하고 수확한 결과가 적은 경우를 우리는 비생산적이라는 용어로 표현하고 있다. 반대로 생산적이라는 의미는 노력에 비해 수확이 클 경우를 뜻한다. 즉 생산이 가지고 있는 어원적인 의미로서 투자에 비해서 결과물이 큰 경우를 뜻하는 것이다. 만약 1,000원을 투입해서 발생한 결과물이 1,500원이라면 500원의 이득을 본 것이고 결과물(1,500원)을 투입(1,000원)으로 나누면 1.5가 된다. 이렇듯 생산이라는 의미는 항상 결과물을 투입으로 나누었을 때 1 이상이 될 경우를 생산적이라고 말하는 것이다.

$$생산이란 = \frac{결과물(Output)}{투입물(Input)} > 1$$

생산에 관련되는 관리자에게 생산의 개념은 매우 중요한 의미를 가지고 있다. 생산활동을 하면서 생산성이 1보다 낮게 유지하고 있다면, 그것은 엄밀하게 이야기해서 생산활동을 한 것이 아니라 비생산적인 활동을 했다는 뜻이다. 즉 생산 관리자의 자격이 없다는 뜻이기도 하다.

그렇다면 생산관리자로서 어떤 생각을 가지고 관리를 해야 하는지 이야기해 보자. 모든 이야기의 핵심은 생산을 위해 투입되는 모든 투입(Input)과 결과(Output)를 1 이상인지, 1 이하인지를 파악하고 관리하기 위한 思考이자 방법론이라고 생각하면 좋을 것 같다.

1. 생산(성) 관리의 기본은 데이터(Data) 관리라는 것을 잊으면 안 된다

왜냐하면 투입물과 결과물을 나누어서 1 이상인지를 분석하기 위해서는 생산 활동에 관련된 모든 것을 Data로 표현해야 하기 때문이다.

그렇지 못한 생산관리를 하게 되면 생산적으로 했는지, 비생산적으로 했는지 파악하고 분석할 수 없기 때문이다. 그래서 생산혁신활동의 시작이 Data관리를 위한 개선으로부터 시작된다.

관리하는 Data가 없거나 Data가 부정확하면 관리를 못 하는 관리자라고 판단하면 된다.

훌륭한 생산 관리자란 Data를 중요하게 여기그, Data를 모아, 분석을 하여 내게 필요한 정보를 만들고, 그 정보를 이용해서 문제를 찾고, 해결하는 관리자이다. 그렇지 못한 관리자는 바람직하지 않은 관리자이다. 관리자로서 능력이 있고 없고의 구분을 Data로 비교하면 바로 알 수 있고, 나아서 그 회사의 공장관리 수준을 파악하는 기준으로 삼을 수 있다.

처음 방문해서 회사진단을 할 경우 관리하는 Data의 수준을 보면, 그 회사의 수준이 어떤지 파악할 수 있다.

회사별로 Data관리 수준을 나열해 보면

1) 제조 특성에 맞는 지표를 가지고, 정확하게 Data를 관리하고 있으며, Data를 이용하여 개선활동을 하고 있는 회사
2) 제조 특성에 맞는 지표를 가지고, Data를 관리하고 있으나, 관리만 하고 개선으로 발전하지 못하는 회사
3) Data를 관리하고 있지만, 제조 특성에 맞지 않고, 지표별로 관리해야 하는 부서와 담당자가 혼재되어 개선이 어려운 회사 (형식적인 Data관리로서 대부분 보고용을 사용한 후, 死藏되는 Data임)
4) Data가 없고, Data관리의 개념이 없는 관리부재의 회사

관리자로서 항상 상기 1번의 회사를 만들기 위한 노력을 게을리 한다면, 관리자의 직무유기임을 명심해야 할 것이다.

2. 식사 때가 되면 자동으로 배에서 소리가 나듯이, 생산관리 업무를 습관적으로 돌려야 한다. 즉 규칙적이고 계획적으로 일해야 한다

생산을 관리하는 업무에 대해서 정규적으로 해야 하는 업무를 List하고, 항목별로 점검해야 하는 업무를 주기별로 구분하여 비가

오나, 눈이 오나 1년 365일 꾸준히 계속해야 한다.

바빠서 못 하고, 담당자가 아파서 못하고, 시간나면 하겠다는 관리자치고 제대로 일하는 관리자는 한 명도 보지 못했다.

일일단위의 업무, 주간단위의 업무, 월간단위의 업무, 긴급처리 업무, 비규칙적인 정규업무로 관리주기별로 해야 할 업무를 List하여 생산에 관련된 Data관리를 시작으로 분석, 개선을 반복해야 한다.

3. 회의를 효과적으로 리드하는 기술을 배워라

제조 관련 관리자는 회의의 기술이 절대적으로 필요하다. 왜냐하면 생산에 문제가 발생되면 생산 스스로 문제를 해결할 수 있는 일은 20%도 안 되기 때문이다. 그러면 나머지 80%의 해결방법은 관련 부서의 협조와 지원으로 이루어진다. 생산에서 발생된 문제의 80%를 빠른 시일 내에 정확한 해결하기 위해서는 생산 관리자의 관련 부서 회의의 기술을 높여야 한다.

이런 현상은 대기업이나 중소기업 모두 공통적이지만, 중소기업의 경우 생산 관리자가 부분적인 설비보전 또는 생산기술을 겸하기 때문에 협조를 구하는데 소요되는 Loss를 최소화할 수 있지만, 중견기업, 대기업의 경우 부서별 업무가 명확하기 때문에 회의의 기술이 더욱 요구된다.

중견기업, 대기업은 조직적이고 체계적인 업무 체계를 갖추고 일을 한다. 대기업이 업무추진 속도가 느리다는 이유도 바로 이러한 큰 조직의 부서별 업무분장과 책임영역이 확연하게 다르기 때문에 발생한다. 이러한 상황에 생산 스스로 해결할 수 없는 문제를 어떻게 빠른 지원을 받아서 해결할 것인가?

대부분 회사의 관리자들은 업무가 회의로 시작해서 회의로 끝난다고 회의에 참석하는 것을 지겹게 생각한다. 회의는 조직이 클수록 더 많을 수밖에 없다. 어느 한 부서가 스스로 자급자족할 수 없기 때문에 의견을 묻고 답을 찾기 위해서 회의는 필요악이라는 것이다.

그러면 회사 차원에서 어떻게 회의를 효율적으로 운영할 것인가? 이것이 문제이다.

모두들 지겹고, 힘들어하는 회의문화를 즐겁게 참석시킬 수 있는 관리자의 노하우가 필요하다.

개인적으로 경험한 회의에 관한 나쁜 사례가 있었는데, 그 당시 너무 놀랐으며, 답답했던 기억이 난다. 회의란 종합적인 커뮤니케이션이라고 생각한다. 많은 부서에서 다양한 사람들이 모여서 의견을 일치시키고, 회사이익을 위해서 통일된 의견을 수렴하고 한 방향으로 가기 위함이 대부분 회의의 목적이라고 생각하는데, 그래서 회의 문화가 좋은 기업이 실적도 좋을 수밖에 없다. 실적이 나쁘고 적자가 나는 기업일수록 회의의 質이 매우 떨어진다. 서로 짜증을 내고 불만도 많아서 회의시간은 길지만, 회사에 도움이 되는 결과를 도출하지 못하는 경우가 많다.

어떤 회사는 아예 회의를 하지 않는다. 회의가 장시간 걸리고 회의로 인해 개인 업무에 영향을 주는 것도 문제이지만, 꼭 필요한 회의임에도 불구하고 회의를 하지 않는 것은 매우 위험한 상황이라고 본다. 회의를 아예 하지 않는 이유를 확인해 보니

- 회의 소집을 해도 참석하지 않기 때문에
- 참석을 해도 참석만 하다 갈 뿐 도움이 되지 않고
- 회의 소집을 한 사람이 개인적으로 싫어서 참석하지 않고
- 내가 바쁘기 때문에 참석할 시간이 없다고 대부분 이야기한다.

결국 회의를 못한 담당자는 혼자서 대책 아닌 대책을 작성하게 되는데, 엄밀히 보면 이는 허위보고라고 할 수 있다. 회의가 안 되는 4가지 이유 속에 조직의 모든 문제가 존재하고 있음을 느낄 수 있을 것이다.

회의를 잘하는 기술은 알고 있는 것 이상으로 매우 중요한 관리기술임을 알고 잘 실천해 주었으면 한다.

○ 회의의 노하우

1) 회의하기 전에 사전 준비를 철저히 한다

- 회의를 주관하는 사람은 회의를 통해 얻어야 하는 아웃풋을 명확히 한다.
- 회의를 통해 도움을 받아야 할 부서 담당자와 회의 전에 미리 준비 또는 검토해 와야 할 내용을 통보한다.

2) 회의시간은 1시간 내 완료를 원칙으로 삼아라

- 1시간 내 완료할 수 있도록 사전 준비를 해야 한다.

3) 회의의 타이밍을 절묘하게 이용해라

- 회의는 오전 11시부터 12시가 하루 중 최적의 시간이다. 오전에 바쁜 일이 마무리되는 시점이고 업무의 집중도가 높은 시간이다.
- 회의를 주관하는 사람으로서 관련 부서의 도움이 필요한 경우, 회의 종료 후 간단한 점심을 같이하면서 회의의 연장선상에서 업무를 볼 수 있다.

4) 회의를 주관하는 사람은 항상 밝게 웃는 얼굴로 회의를 리드해야 한다

5) 반대를 위한 반대를 하는 사람에게는 절대 화내지 말고, 역질문을 통해서 대응해라

- 많은 회의를 하다 보면, 대부분 적극적인 지원을 해야 하는 사람이 부정적이고 반대를 위한 이상한 질문을 자주 던지는데, 이때는 역질문을 통해서 해결하면 무리가 없다.

경험으로 보면 대체적으로 회의를 잘 리드하는 사람이 업무능력도 뛰어나다. 내가 원하는 방향으로 참석자의 생각을 유도하고 반대하는 사람들의 의견을 설득하는 능력이 쉽지 않다. 회의를 내가 생각한 목적대로 이끌어 내려면, 사전 준비를 철저히 하는 것이 매우 중요하다.

4. 생산부서 사람들, 생각하면서 일하자

지금과 같이 일하는 제조문화는 경쟁력이 생기기 어려운 환경이다. 똑똑한 사람도 생산에 오랫동안 일을 하게 되면 머리를 쓰지 않는다. 대부분의 관리자들이 선배에게 배운 대로, 몸에 익숙한 방법대로 일을 한다. 공부하지 않고, 머리 쓰지 않고, 생각하지 않는다. 그래서 제조 경쟁력이 약한 원인이라고 생각한다.

만약에 대학을 졸업한 이공계 신입사원이 회사연수를 마치고 부서배치를 결정하는 과정에서, 연수성적이 우수한 똑똑한 사원이 있다면 생산부서에 배치되어야 한다고 생각한다. 제조기업의 경쟁력은 생산에서 발생되기 때문이라는 단순한 논리이기도 하지만, 안타깝게도 현실은 그게 아닌 모양이다. 연수성적이 좋은 신입사원 본인들도 회사의 경영자들도 우수한 사원들을 생산부서가 아닌 개발, 연구 부서로 배치를 하는 고정관념을 가지고 있다. 그렇게 결정하는 경영진 역시 생산출신은 거의 없는 것 같다. 신입사원이 입사하여 약 3년간 생산을 직접 경험하면서 느끼고, 배운 제조기술을 바탕으로 타 부서에 전배가 될 경우 기술 노하우에 대한 시너지 효과는 매우 크다. 생산을 알고 설비를 개발하는 엔지니어, 생산을 알고 신제품을 개발하는 설계자가 개발의 성공 가능성이 더 클 수밖에 없지 않은가?

이런 간단한 원리가 제조문화에 정착하지 못하는 이유 중에는 과거 조선시대의 논공행상마인드가 아직도 우리의 마음속에 들어 있다는 증거로 생각된다.

대학 전공이 산업공학 계통인 사원들이 대기업에 입사하면 대부분 혁신전담부서에서 업무를 하게 되는데, 항상 제조현장과 마찰이 잦다. 생산경험이 없는 혁신전담자는 생산에 별로 도움이 되지 않는다. 물론 모든 경우가 다 그렇다는 것은 아니고, 대체적으로 그렇다는 의미이다. '너희가 생산을 알아?'라고 생각하는 제조의 고정관념과 이론과 기법으로만 주장하는 혁신팀 간의 골을 없애는 방법은 혁신팀원들을 일정 기간 생산에 전배시켜 직접 생산경험을 하게 만드는 것이다. 옆에서 보는 생산과 직접 경험하는 생산의 차이는 말로는 표현하기 곤란하기 때문이다.

생산에만 오랫동안 근무해 온 직원, 관리자들은 큰 착각을 하는 경우가 많은데, 생산부서만 늦게 퇴근하고, 실적에 대한 스트레스를 받으며 고생한다고 오해를 한다. 정말이지 큰 오해가 아닐 수 없다. 항상 다른 부서로 옮길 생각을 하고 있다가 기회가 되어 부서를 이동한 지 1년도 채 안 되면 생산부서를 그리워하는 사람들이 많다. 왜 그럴까?

생산부서에 근무하는 작업자나 관리자 대부분이 고민 없이, 생각 없이 실적만 달성하면 누가 뭐라고 하는 사람이 없고, 조금만 몸으로 일하면 실적으로 아웃풋을 내는 부서이기 때문이다. 머리 쓰는 일이 별로 없는 가장 편안한 부서가 생산부서이다.

생산에 좀 큰 문제가 발생하면, 생산 자체의 원인보다는 설비고장, 금형문제, 전기문제 등 타 부서의 원인이기 때문에 목소리 높여서 수리하라고 하면 되고, 목표관리에 영향을 별로 받지 않는다. 지금 이런 상황설정은 90년대 초의 상황이었는데, 아직도 회사를 지도하면서 보면 거의 동일한 상황이 재현되고 있으니 제조 경쟁력을 갖추는 것이 얼마나 힘든 싸움인지 모르겠다.

그래서 생산부서에 많은 인재들이 필요한 것이다. 제조문화를 변화시키는 인재들이 효율적인 제조 경쟁력을 구축하기 위해서 항상 생각하면서, 고민하면서 머리를 써야 한다. 그렇지 못한 제조기업에게 있어서 제조 경쟁력은 요원한 꿈일지도 모르겠다.

　경영진들이 제조현장의 인재를 육성하는 길은 생산부서 관리자들로 하여금 항상 생각하고 고민하는 기회를 주어야 한다. 교육을 시키고 평가를 하며, 평가결과를 고과에 반영하고 새로운 아이디어 창출을 위한 제안제도 운영과 개별 개선 카드제도 등 다양한 제조 이벤트를 운영해야 한다. 그래서 그들이 가지고 있는 경험을 문서화하고, 새로운 관리기술을 학습하는 문화를 만들어 가야만 가능할 것이다. 타 기업에서 제안제도를 활용해서 큰 효과를 봤다고 우리 회사도 운영해 봤는데 제안 건수도 작고, 잘 안 된다는 회사는 제안 자체의 문제이기보다는 생각하고 고민하지 않는 고정관념의 제조문화가 그 원인이기 때문에 회사 대표부터 경영진까지 관심을 가지고 제조문화를 혁신해 나가는 노력이 절실하다고 할 수 있다.

5. 투입물(Input) 대비 산출물(Output)을 어떻게 크게 할까 고민 해라

　생산을 관리한다는 의미를 다시 한 번 이야기하면, 투입한 것에 비해 산출을 더 많이 하기 위한 관리를 뜻한다. 제조활동에 있어서 투입이라 하면, 원자재, 작업자, 설비 그리고 제조활동에 필요한 부자재와 원, 부자재 이송을 위한 운송 등이 투입이라고 할 수 있고, 산출은 투입을 통해서 발생한 부가가치를 발생시키는 완성된 제품이라고 할 수 있다.

$$\text{생산이란} = \frac{\text{결과물(Output)}}{\text{투입물(Input)}} > 1$$

기업환경은 국내외 경제 상황에 따라 예측하기 힘들게 급변하고 있기 때문에 효율적인 제조활동의 방법 역시 그 변화에 맞추어 개선활동을 전개해야 하는데, 그 역할을 생산 관리자가 해 주어야 한다. 어떤 관점에서 어떻게 생산관리를 해야 하는지에 대한 원리를 위의 공식으로 대응할 수 있다고 생각한다.

만약에 경제상황이 어려워 생산 능력에 비해서 출하량이 크게 감소된 상황이라면 생산관리자가 취해야 하는 방법은 다음과 같을 것이다.

결과물(Output)인 생산량이 동일한 상태에서 또는 생산량을 감소하고 과거보다 인풋을 어떻게 더 줄여서 생산성을 유지, 향상할 것인가를 생각해야 한다. 이것이 원가절감의 시작이다.

1) 원재료를 최소로 투입해서 동일한 생산량이 나올 수 있도록 해야 하는 불량 감소활동
2) 사용되는 원부자재를 최소화로 관리해야 하므로 원단위 감소 활동
   ※ 원단위란 한 대의 완제품이 완성되는 데 투입된 비용

(원단위＝투입비용/완제품 1개)
 3) 자재비용을 감소하기 어렵다면, 제품 생산에 필요한 소모품,
    부자재 사용량 감소 활동
 4) 전력비 등 일반 경비 감소 활동
 5) 인건비 감소를 위한 활동

인건비 감소를 위한 활동이 가장 곤란한 문제이다. 많은 중소기업이 생산성, 품질문제가 반복적으로 악순환을 하는 이유는 수주물량이 감소하면 작업 인원을 감소하고, 수주량이 증가하면 다시 작업자를 채용하는데 작업자 변동에 의한 작업숙련의 차이로 인해서 품질문제가 재발되며, 생산성 저하의 원인으로서 이런 회사의 현장 관리자는 항상 힘들 수밖에 없다.

그래서 요즘에는 인건비의 변동비화를 위한 경영관리에 관심이 되고 있다. 이런 것을 실천하기 좋은 환경이 중국이라 할 수 있다.

생산 현장의 모든 공정이 다 동일하지 않고 각 공정마다의 특성이 있다. 어떤 공정은 숙련된 작업을 요구되고 어떤 공정은 비숙련이라도 생산성, 품질에 큰 영향을 미치지 않는 공정이 있다. 이런 공정 특성을 감안해서 중국공장에서는 비숙련이 가능한 공정과 인력 수를 감안해서 고등학교 실습생을 채용하여 생산물량이 증가할 때 비정규 임시직원을 투입하여 생산물량을 맞추고, 물량이 감소하면 이들 실습생 인력을 감소하여, 숙련 작업자의 안정된 고용을 보장하면서, 필요 최소인력을 운영하여 인건비의 변동비화를 실천하는 중국공장이 늘어나고 있다. 그런데 이런 인건비의 변동비화 경영을 위해서 필요한 조건이 있다.

- 생산라인의 공정별 숙련 작업자의 기능이 요구되는 공정과 비숙련이 가능한 공정을 구분하여 관리해야 한다(전체 인력 중 숙련 작업과 비숙련 작업의 구분관리).
- 숙련 작업자는 다기능공화가 되어 숙련 작업자의 순환공정 근무가 가능하도록 다기능화 교육을 통한 사전 준비를 해야 한다.
- 단순한 비숙련 작업이라 해도, 작업의 속도에 의해서 생산성이 좌우되기 때문에 숙련 작업자의 작업방법을 표준화하여, 작업 전 직무교육을 실시해야 한다.

04. 공정관리의 기술

공정관리라는 것은 원자재가 투입되어 일련의 제조과정을 거친 후 제품이 생산되는 전체 프로세스를 의미한다. 즉 좋은 품질의 제품을 싸게, 제때 생산될 수 있도록 관리하는 것을 뜻한다. 관리의 범위가 매우 넓고 관리하는 방법이 다양하지만 공정관리는 크게 3가지로 구분할 수 있다.

1. Input관리

생산에 필요한 원자재, 부자재, 부품 등을 기존의 생산에 맞추어진 기준이 변화되지 않도록 들어오는 재료들을 관리하는 기술이다.

이런 비유를 자주 이야기하는데, 만약 어떤 아기가 A라는 분유를 먹다가, B분유로 바꿨을 때 아기의 뱃속은 A형 분유에 적응된 상태에서 갑자기 B형 분유가 Input되어 설사를 일으키는 경우가 있다. 이와 동일한 현상이라고 할 수 있다.

제품의 품질은 산포와의 싸움이다. 생산과정의 생산라인의 산포를 줄이는 노력 이전에 생산라인에 투입되는 Input인자의 산포를 줄이는 것이 품질과 불량을 줄이는 영향이 더욱 크다.

1) 1단계 Input관리 활동

– 공급업체에서 들어오는 원자재 품질관리를 위한 공급업체 점검 활동

– 협력사에 생산되는 제품의 품질을 보증하기 위한 협력사 품질점검 활동은 Input변수를 근본적으로 감소하기 위한 품질관리 활동으로 볼 수 있다. 국내외 대기업에서 체계적으로 관리하는 활동 방법으로서 국내 중견, 중소기업에서도 중요 관리 항목으로 관리해야 한다.

2) 2단계 Input관리 활동

– 입고된 부품, 원자재에 대한 철저한 수입검사 활동, 문제발생시 처리 업무 Process 등이 2차적인 Input관리 활동으로 볼 수 있는데, 이런 활동도 원칙을 준수하고, 원칙대로 관리해야 하는데 중소기업은 소규모 물량을 사용하기 때문에 공급업체에서 중소기업의 요구사항을 무시하는 경우도 있고, 중소기업의 관리자들이 관리

의 방법을 몰라서 원자재 Lot 차이에 따라 생산의 변화가 심하여 불량을 발생시키는 요인이 된다.

2. Process관리

Process관리란 문제없는 원부자재가 투입되어 생산 공정을 거쳐 완제품이 출하되기 전까지의 생산라인 관리를 의미한다.

Process관리는 제품을 생산하는 작업자 관리, 설비관리, 작업방법의 관리를 의미한다.

공정관리의 4대 요인을 4M이라고 한다. Man, Material, Machine, Method를 뜻하는데 Material(재료)관리가 Input관리이고, 나머지 3M에 대한 관리를 Process관리라고 할 수 있다.

1) 작업자 관리(Man)

교대조별 작업자에 의한 불량발생, 설비조작 차이로 인한 설비 가동률 차이, 자주검사 실수로 인한 고객 Claim 등 생산 관리자가 관리해야 하는 항목 중에 가장 어려운 것이 작업자 관리일 것이다. 더구나 중소기업은 인건비 절감을 위해서 외국인 근로자 수가 점차 증가하는 추세로 관리의 변수가 하나 더 증가한 셈이다.

작업자 관리의 핵심은 누가 언제 작업해도 동일한 품질의 제품을 생산하는 것이기 때문에 작업자의 작업편차를 감소하는 관리가 가장 중요하다고 생각한다. 이에 대한 해결방법은 표준화 관리체계를 구축하는 것이다. 결국 표준화 관리의 목적은 작업자의 작업편차를 감소하는 것이다. 이런 측면에서 앞 장에서 비교적 상세하게 표준화 관리에 대해 설명을 했었다.

2) 설비 관리(Machine)

설비관리는 설비의 가동률을 향상시키는 하드웨어적인 설비관리와 가동 중인 설비의 설정표(일반적으로 설비SET-UP이라고 함) 관리를 통해 제품 품질을 향상하는 소프트웨어적인 설비관리로 구분된다.

설비 가동률을 향상하는 것은 생산성 향상의 기본으로서 설비의 유실원인을 분석하여 유실이 큰 항목부터 개선활동을 진행한다. 대부분의 회사에서 설비개선 활동이라면 설비 가동률을 향상하는 활동으로만 알고 있는데 이것이 하드웨어적인 설비관리라고 할 수 있다.

설비가 정지하는 유실시간을 줄이는 설비관리만큼 중요한 설비관리는 제품을 가공하고 있는 설비의 운전상태가 항상 최적의 상태로 운전되어 품질의 산포에 영향을 미치지 않도록 관리하는 설비관리 방법이다. 이런 설비관리 방법을 설비의 Best SET-UP관리라고 한다. 언제 어느 때 가동되더라도 항상 최적인 설비 운전상태를 유지하게 하는 설비관리 방법이다. 설비의 SET-UP관리의 출발이 눈으로 보는 관리를 하는 것이다. 설비의 가동 상태가 정상인지 비정상인지 비전문가도 한눈에 판단할 수 있도록 설비 가동상태를 측정하는 각종 Gage에 눈금 범위표시를 하고 항상 범위 내에서 작동하는지를 점검하는 것이다.

3) 방법 관리(Method)

생산활동을 하는 모든 방법에 대한 관리를 뜻하는데 일반적으로 작업자의 작업방법을 통일화하는 작업표준을 말한다. 하지만 생산을 관리하는 방법 측면에서 관리자에게 공정을 관리하는 방법으로서 Check Sheet를 다양하게 사용할 것을 권한다. 품질에 대한 Check, 설비상태에 대한 Check, 작업자의 표준작업에 대한 Check, 재공품 관리상태에 대한 Check 등 생산을 관리하는 관리자가 생산의 상태가 이상인지 정상인지를 객관적으로 측정할 수 있는 관리방법이 Check Sheet 활용법이다. Check할 대상이 정해지면, 관리의 목적을 명확히 한 후에 관리항목을 정하고 점검활동을 실시하면 된다. 조금만 생각하면 누구보다 자기 공정을 관리하는 관리자가 가장 정확하게 필요한 Check Sheet를 작성할 수 있을 텐데 대부분 어렵다고 작성을 못 하는 경우가 많다.

3. Output관리

생산에서 완성된 제품에 대한 출하검사부터 고객출고까지의 관리를 의미한다. 출하검사는 품질부서에서 하고, 출하된 제품을 배송하는 것은 자재부서에서 이루어진다. 출하검사는 전수검사와 샘플링 검사로 나누어지는데, 단위제품의 단가가 낮고, 수량이 많은 경우 샘플링 검사를 하고, 단가가 높고 출하수량이 적은 제품은 전수검사를 실시한다. 대부분이 많은 수량을 샘플링 검사하는 경우가 많은데 이때 품질에서 출하검사를 잘해도 생산라인에서 자주검사 체계가 이루어지지 않으면 항상 품질 Claim으로 고생하게 되어 있다. 결국 품질에서 실시하는 Output관리를 잘하고 못 하는 결정은 품질에서 하는 것이 아니라 생산에서 결정된다는 뜻이다. 그래서 품질사고를 자주 내는 부서일수록 생산과 품질부서 간의 관계가 좋을 수 없다. 그래서 회의의 기술, 커뮤니케이션이 중요하고, 필요한 것이다.

공정관리의 기술을 몇 가지로 정리해 보면 다음과 같다.

1) Process관리를 안정시키기 위해서 우선되어야 하는 관리가 Input관리임을 명심해라

Process관리는 주로 생산에서 진행하고, Input관리 중에서 수입검사는 품질에서 진행하기 때문에 품질부서, 자재부서에서 생산을 이해하지 못하면 생산에 큰 혼란을 유발시킬 수 있다.

품질에서 수입검사를 엉터리로 해서 불량을 양품으로 판정하여 공정에 자재를 투입할 경우 생산에서 불만을 가질 수밖에 없다. 비상 자재는 없는데 입고된 자재가 수입검사에서 불량 판정을 받아도 생산은 울며 겨자 먹기 식으로 생산을 하면서 평소보다 높은 불량을 발생시킨다.

생산에서 좋은 감정일 리 없고, 그 결과를 Output관리에서 품질이 그 영향을 받는다.

이 이야기의 의미는 제조 전체의 생산 Process는 생산부서뿐만 아니라 생산 관련 부서 모두의 영향을 받는다는 뜻으로서 내 부서만 편하면 된다는 부서 이기주의가 조직 전체의 팀워크를 해치고, 그 결과로 제품 품질의 불안정, 생산성 저하로 연결될 수밖에 없다.

이기주의적인 관리자는 생산 관리자의 자격이 없는 첫 번째 이유가 된다. 왜냐하면 회사 전체의 품질과 생산성을 저해하는 원인이기 때문이다.

2) 편협한 생각을 버리고, 전체 Process를 고려하는 폭넓은 思考를 해라

회사 경영실적이 미달되어도 내 목표만 달성하면 되고, 상사에게 나만 칭찬받으면 되고, 내 공정만 문제없으면 상관없다는 생각이 있다면 곤란하다.

생각의 폭을 넓게 가지고 항상 전체의 효율을 생각하면서 일 처리를 하는 관리자가 되도록 노력해야 한다. 팀워크를 해치면서 나만의 이익만 탐하는 사람이 잘된 경우를 보지 못했다.

3) 공정관리는 4M으로 시작해서 4M으로 끝난다

제조에 관련된 많은 관리기술을 취합하여 정리해 보면 결국 4M 관리의 범위에서 벗어나지 않는다. 원인 모르는 문제가 발생할 경우 원인을 4M으로 구분하여 분석하는 습관을 길러라. 그러면 문제가 도망갈 방법이 없다. 단지 분석하는 기법상의 차이일 뿐이다.

4) Check Sheet는 공정관리의 기본 Tool임을 인식해라

관리의 PDCA 사이클은 관리자가 관리를 잘하기 위한 업무의 기본방식이다. 그중에서도 특히 Plan과 Check는 관리자가 해야 하는 중요한 역할이라고 했다. 생산 공정을 관리하는 기능 중에 Check는 매우 중요한 역할을 한다. 생산량은 목표에 달성할 수 있을지에 대한 Check, 생산량은 문제없는데 품질에 문제가 없는지에 대한 Check, 설비는 제대로 가동 중인지에 대한 Check 등등 Check의 역할과 중요성은 공정관리 그 자체를 의미하기도 한다.

공정을 어떻게 관리하는 것인가? Check를 통해서 관리한다. 즉 공정관리란 Check를 의미한다. 이렇게 중요한 Check기능이 정지된 생산라인은 설비가 정지되든, 불량을 생산하든 둘 중에 하나는 할 것이다. 이토록 중요한 공정관리인 Check를 하지 않는 생산 관리자는 자격미달로 봐야 할 것이다.

3장에서 지금까지 언급한 내용은 제조 경쟁력을 위해서 관리자가 갖추어야 하는 4가지 관리기술에 대해서 이야기를 했는데, 어찌 보면 관리기술이라기보다는 제조 관리자가 가지고 있어야 하는 바람직한 사고방식이라는 표현이 더 맞는 것 같다.

제조 경쟁력 노하우라는 이름으로 문제 있는 제조기업의 공통적인 문제점과 해결방안에 대해서 이야기를 했고, 제조기업의 관리자로서 알고 있어야 하는 4가지의 관리기술에 관해서 저자의 경험과 생각을 위주로 이야기를 했는데, 얼마만큼 독자로 하여금 공감을 느끼게 했는지 궁금한 마음이다. 저자가 경험하고 생각하는 것이 100% 정답은 될 수가 없다. 다만 독자들이 이 책을 읽고 느끼고 배울 점이 있으며, 책 내용 중에서 한 가지라도 현업에 적용시켜서 도움이 된다면 좋겠다는 희망이다.

김달원

▌약 력

대학에서 기계공학을 대학원에서 산업공학을 전공했으며,
대기업에서 생산, 설계, 설비개발 등 제조관련 분야를 경험하고,
현재는 경영혁신 제조혁신 분야의 컨설턴트로 활동하고 있다.

▌논 문

중소제조기업 생산혁신 모형에 관한 연구

▌저 서

공장관리 기술사로 가는 秘書

dwkim@lomconsulting.co.kr

제조 경쟁력
노하우

초판인쇄 | 2010년 3월 5일
초판발행 | 2010년 3월 5일

지은이 | 김달원
펴낸이 | 채종준
펴낸곳 | 한국학술정보(주)
주 소 | 경기도 파주시 교하읍 문발리 파주출판문화정보산업단지 513-5
전 화 | 031) 908-3181(대표)
팩 스 | 031) 908-3189
홈페이지 | http://www.kstudy.com
E-mail | 출판사업부 publish@kstudy.com
등 록 | 제일산-115호(2000. 6. 19)

ISBN   978-89-268-0790-3 93580 (Paper Book)
        978-89-268-0791-0 98580 (e-Book)